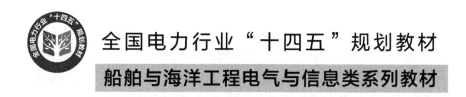

全国电力行业"十四五"规划教材

船舶与海洋工程电气与信息类系列教材

场路理论
在电气工程中的应用

庄劲武　武　瑾　著

中国电力出版社
CHINA ELECTRIC POWER PRESS

内 容 提 要

全书共 4 个专题、16 个案例，融入 28 个仿真计算模型、22 个设计性实验。电热场专题以熔断器设计为背景，重点讨论恒定电场，以及稳态、瞬态温度场等理论的综合应用；电磁场专题以霍尔电流传感器、线圈电感、电磁铁、永磁驱动机构设计为背景，重点讨论稳恒磁场、磁路、恒定电场等理论的综合应用；电路专题以多相交流整流系统短路电流计算、关断电路设计为背景，重点讨论电路的综合应用；复杂场路专题以石英砂电弧、狭缝电弧建模，以及晶闸管开通、火药辅助开断技术研究为背景，重点讨论电、热、磁等场路理论的综合应用。为方便读者学习，本书配套 26 个微视频、15 个程序附录、5 份案例研究报告，以及课堂讨论问题清单。

本书可作为高等学校电气工程专业和其他相关专业的教材，也可供有关科技人员作为参考用书。

图书在版编目（CIP）数据

场路理论在电气工程中的应用/庄劲武，武瑾著 . —北京：中国电力出版社，2023.11
ISBN 978 - 7 - 5198 - 6181 - 0

Ⅰ.①场…　Ⅱ.①庄…②武…　Ⅲ.①电路理论－应用－电气工程　Ⅳ.①TM

中国国家版本馆 CIP 数据核字（2023）第 185473 号

出版发行：中国电力出版社
地　　　址：北京市东城区北京站西街 19 号（邮政编码 100005）
网　　　址：http://www.cepp.sgcc.com.cn
责任编辑：罗晓莉（010 - 63412547）　贾丹丹
责任校对：黄　蓓　马　宁
装帧设计：郝晓燕
责任印制：吴　迪

印　　　刷：北京九州迅驰传媒文化有限公司
版　　　次：2023 年 11 月第一版
印　　　次：2023 年 11 月北京第一次印刷
开　　　本：787 毫米×1092 毫米　16 开本
印　　　张：11
字　　　数：270 千字
定　　　价：38.00 元

序　言

　　建设海洋强国是中华民族伟大复兴的重大战略任务，船舶及相关技术是实现"建设海洋强国"这一战略目标所需的关键物质和技术基础。电气系统作为船舶的"血液系统"，是船舶赖以生存的基础，船舶电气工程领域科学技术的进步将极大地促进我国船舶建造和运用水平的提高，为实现建设海洋强国战略目标发挥积极作用。

　　船舶电气工程是关于船用电气设备和船舶电气与控制系统的设计建造理论、运行控制方法以及工程应用技术的专业学科，是电气科学与技术的重要组成部分。船舶电气工程主要研究对象为船舶以及海洋结构物（如海上石油钻井平台等）上所有与电气有关的基础理论、工程技术与运用方法，涉及船用电机、船舶电力系统及其自动化、船舶电力推进、电力传动控制、电能变换等多个技术领域，具有自己鲜明的特色。

　　近年来，我国船舶电气工程领域获得了很大的发展，大量新技术应用于船舶电气系统。高品质、大容量、智能化的船舶电力系统产生了新的网络结构、运行模式、保护策略、控制与应急转换方法以及故障重构、接地及保护方案，基于高效率、模块化功率器件的新型电能变换技术，采用网络化、数字控制的船舶机械电气传动控制技术，以高功率密度新型推进电机及控制系统为代表的现代船舶电力推进技术等，在船舶电气系统中得到了广泛应用，显著提升了船舶电气工程领域的技术水平。

　　为充分反映船舶电气工程领域的技术进步，总结已有科研成果，普及并传播新的理论、方法和科学技术知识，并满足船舶电气工程专业本科教学需求，形成教材的体系化和系列化，海军工程大学电气工程学院组织多名长期从事船舶电气领域教学和科研的专家，编写了一套船舶电气工程专业系列教材。本系列教材充分展示了船舶电气工程领域的基本理论方法、设计制造工艺、最新科研成果和发展动态，可以作为船舶电气工程领域专业技术人员和高等院校相关专业师生的教材和综合性参考书。

张晓锋

2023 年 5 月

前　言

2006 年至今，我们团队一直在开展直流系统快速保护方向的技术攻关与产品研发工作，为了解决一个又一个技术问题、工程问题，我们重新接触了电、热、磁、力、材、化等学科基础理论。在不断地学习实践中，我们对这些理论建立了新的认知，也逐步将这些理论有效贯通起来。多年的研究和教学经历让我们越来越深刻地体会到，学员对知识的建构必须与实际问题的解决结合起来。学员只有通过"做中思、思中学、学中用"，才能真正地理解知识从何而来、用于何处、何以致用。为此，我们团队开始了"学为中心"的教学改革探索与实践，将科技攻坚中的实际问题转化为教学案例引进课堂，将综合利用基础理论解决复杂问题的过程转化为教学方法，融入课堂。形成了"提出问题（认识问题）－理论分析－数学建模－理论计算－实验验证－分析总结"案例化教学内容设计链路。

以"电热场专题"为例，为了提升学员综合利用电气专业基础理论解决复杂工程问题的能力，我们将熔断器设计中的关键技术、工程问题转化为 4 个教学案例，形成以电、热场、路基础理论综合应用为主要内容的电热场专题。通常，熔断器设计需同时考虑两个性能指标，一是额定通流状态下，端盖温升不能超过 70K；二是故障情况下，弧前时间（从故障发生到熔断器熔断）必须满足电力系统保护的快速性要求。为此，我们首先设计了 3 个教学案例，"L 形银片冷态电阻计算""通电矩形铜片稳态温升计算""通电细铜丝弧前时间计算"，与其相应的基础理论分别是恒定电场、稳态电热场、瞬态电热场，案例由简至繁，由易到难。为了更加逼近复杂工程问题的真实场景，更好地呈现多目标优化设计问题，我们又设计了第 4 个案例，即"超快速熔断器综合设计"，进一步提高案例的复杂度与难度。每个教学案例均按照"提出问题（认识问题）－理论分析－数学建模－理论计算（解析、仿真）－实验验证－分析总结"的链路展开。以"L 形银片冷态电阻计算"为例，该案例研究背景来自熔断器通态损耗分析及冷态电阻计算，案例研究的具体问题是辨识出熔断器单个狭颈 1/4 结构的冷态电阻，电阻辨识可采用理论计算与实际测量相结合的方法，案例求解融合了物理、数学、计算机等相关学科知识。

专题式、案例化教学内容中蕴含着丰富的马克思主义立场观点方法，在实验与理论计算结果对比分析环节，教员可以引导学员从对比中发现误差、认识问题，然后以问题为牵引，利用相关基础理论分析误差产生的原因，让学员既坚持了"一切从实际出发、实事求是"，又领会到"透过现象看本质"的深意，我们想以"润物无声""如盐入水"的方式实现专业教育与思政教育的有机结合。

在教学改革过程中，我们孕育出一本全案例化的新形态教材，与其说是教材，它更像是一个剧本。在整个教学实施过程中，学员一边阅读剧本，一边建模、仿真、实验、讨论、思考、总结，在建构知识的同时，不断提升正确认识问题、分析问题、解决问题的能力。

本书共 4 个专题。电热场专题以熔断器设计为背景，重点讨论恒定电场，以及稳态、瞬态温度场等理论的综合应用；电磁场专题以霍尔电流传感器、线圈电感、电磁铁、永磁驱动机构设计为背景，重点讨论稳恒磁场、磁路、恒定电场等理论的综合应用；电路专题以多相交流整流系统短路电流计算、关断电路设计为背景，重点讨论电路的综合应用；复杂场路专题以石英砂电弧、狭缝电弧建模，以及晶闸管开通、火药辅助开断技术研究为背景，重点讨论电、热、磁等场路理论的综合应用。为方便读者学习，本书配套 26 个微视频、15 个程序附录、16 个课堂讨论问题清单、5 份案例研究报告（报告主要内容选自海军工程大学本科学员的课程作业）。

本书的建设倾注了团队研究生、工程师的大量心血，特别感谢付雪、黎嘉浩、柯其琛、王帅、雷冉、董润鹏、周煜韬、潘宇立、尹凡、辛子越、曾雄、李思光、唐有东的辛苦付出。伴随着教材的建设完善，我们已经面向 7 个专业班次的本科学员完成了近 200 学时的教学改革实践，非常感谢这些学员提出的许多宝贵意见。最后，特别感谢一直帮助团队教学改革工作的各级领导及同行专家，有了你们长期的信任与支持，才有了我们长久的信心与坚持。

限于作者水平，书中难免存在不妥和疏漏之处，恳请广大读者批评指正。

作者

2021 年 2 月

目　　录

第一章　电　热　场　专　题

第一节　L形银片冷态电阻计算

一、问题引入

在电路中，电阻作为吸能元件，总会消耗掉系统中一部分能量，电阻的大小直接影响耗散功率的大小。在实际电路中，电阻形状各异，图 1-1 为某熔断器的熔体，当通一恒定电流 I 时，显然，电流密度分布是不均匀的，那么关于熔断器电阻的计算，公式 $R = \rho\dfrac{l}{s}$ 还适用吗？本案例将重点围绕异型导体的电阻计算方法展开讨论。

图 1-1　某熔断器的熔体

冷态电阻计算-问题引入与问题解决基本思路

二、课堂案例与讨论

（一）课堂案例

如图 1-2 所示，该案例研究对象为一块通一恒定电流 I 的 L 形银片。已知：银片两端电压 $U_{bd}=0.01\text{V}$，银片厚度为 0.1mm，$b=c=45$mm，$a=d=e=f=22.5$mm。试问：若不考虑温度对电导率的影响，L 形银片电阻 R 的大小？电流 I 的大小？

（二）课堂讨论

（1）列举生活中你所熟悉的异型导体。

（2）如何通过实验获取 L 形银片的电阻？

（3）何为数学模型？建立数学模型的目的是什么？尝试建立该案例的数学模型。

（4）有限差分法的基本内涵是什么？

（5）尝试利用自编程对该案例的数学模型进行求解，试分析程序中的初始条件、收敛精度等参数设置对仿真结果的影响。

（6）基于仿真结果，试分析 L 形银片电位的分布规律。

（7）依据电位仿真结果，试计算 L 形银片各点的电场强度、电流密度。

（8）对比仿真与实验结果，试分析误差产生的原因。

三、数学模型

（一）恒定电场的基本方程

显然，这是一个关于恒定电场的物理问题，可通过梳理恒定电场的基本变量与基本定理，获取恒定电场的基本方程。

恒定电场中的基本变量包括电流密度 $\vec{J}$（单位为 A/m²）、电场强度 $\vec{E}$（单位为 V/m）。想一想：电场中的电流密度、电场强度分别与电路中的电流 I（单位为 A）、电压 U（单位为 V）之间有怎样的类比关系呢？

恒定电场基本定理包括欧姆定律、电流连续性定理和环路定理。

1. 欧姆定律

$$\vec{J} = \gamma\vec{E} \tag{1-1}$$

式中：γ 为导体的电导率。

γ 是一个随温度变化的参数，但该案例不考虑电导率随温度的变化。试想：这种假设的前提是什么？

电路中的欧姆定律为 $I=GU$，其中 G 为电导，根据变量之间的类比关系，显然可以得到欧姆定律的微分形式，并适用于恒定电场。

2. 电流连续性定理

在恒定电场中，电流密度 $\vec{J}$ 对任何闭合曲面 S 的面积分可表示为

$$\oint_S \vec{J} \cdot d\vec{S} = 0 \tag{1-2}$$

根据高斯公式，可推出式（1-2）的微分形式为

$$\nabla \cdot \vec{J} = 0 \tag{1-3}$$

式中：∇ 为哈密顿算子。

3. 环路定理

在恒定电场中，电场强度 $\vec{E}$ 沿任一闭合曲线 L 的线积分可表示为

$$\oint_L \vec{E} \cdot d\vec{l} = 0 \tag{1-4}$$

根据斯托克斯公式，可推出式（1-4）的微分形式为

$$\nabla \times \vec{E} = 0 \tag{1-5}$$

或者表示为

$$\vec{E} = -\nabla\varphi \tag{1-6}$$

式中：φ 为电位，又称电势，V。

联立式（1-1）、式（1-3）和式（1-6），可推出恒定电场的基本方程为

$$\nabla^2\varphi = 0 \tag{1-7}$$

这就是恒定电场的拉普拉斯方程。

试想：如果依据式（1-7）计算出 L 形银片的电位，如何进一步计算银片电阻呢？

（二）二维直角坐标系下的数学模型

冷态电阻计算-
理论分析与恒定
电场基本方程

然后，根据恒定电场基本方程以及实际物理对象，建立该案例的数学模型。如图 1-2 所示，根据电流 I 的流向，L 形银片在厚度方向上无电荷移动，因此可构建如图 1-3 所示的几何模型。

1. 基本方程在二维直角坐标系下的展开式

哈密顿算子在二维直角坐标系下的展开式为

$$\nabla = \frac{\partial\vec{i}}{\partial x} + \frac{\partial\vec{j}}{\partial y} \tag{1-8}$$

因此，将恒定电场的拉普拉斯方程在二维直角坐标系下展开，可得到如下二阶偏微分方程，即

$$\frac{\partial^2\varphi}{\partial x^2} + \frac{\partial^2\varphi}{\partial y^2} = 0 \tag{1-9}$$

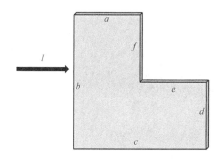

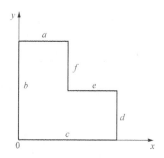

图 1-2　L 形银片等效示意图　　　　图 1-3　L 形银片在二维直角
　　　　　　　　　　　　　　　　　　　　坐标系下的几何模型

2. 边界条件

根据唯一性定理，为了计算给定 L 形银片电位场分布的定解，必须对空间边界上的电位 φ 进行约束，正如为了计算一阶电路电压、电流的特解，必须定义变量的初始条件。

如图 1-3 所示，L 形银片的空间边界包括 a、b、c、d、e、f 六条边。由 $U_{bd} = 0.01\text{V}$，可将 b、d 边定义为第一类边界条件，即

$$\varphi_b = 0.01\text{V}, \quad \varphi_d = 0\text{V}$$

其余边均定义为第二类边界条件，即

$$\frac{\partial \varphi}{\partial x} = 0 (f \text{边}) \tag{1-10}$$

$$\frac{\partial \varphi}{\partial y} = 0 (a 、 c 、 e \text{边}) \tag{1-11}$$

试想，式（1-10）、式（1-11）的物理意义是什么呢？

至此，给定 L 形银片在二维直角坐标系下的数学模型建立完毕。

四、基于有限差分法的仿真计算

通常，定解问题没有解析解，或者解析解很难计算，该案例将采用有限差分法对 L 形银片的数学模型进行解算。有限差分法是一种数值计算方法：其一，通过网格剖分，将定义域是连续的变量 φ 离散化为 n 个离散的点变量 $\varphi_{(1)}$、$\varphi_{(2)}$ … $\varphi_{(i)}$ … $\varphi_{(n)}$；其二，将数学模型中的微商用差商近似，进而将原连续方程组离散化。

冷态电阻计
算 - 数学建模

（一）网格剖分

如图 1-4 所示，根据给定 L 形银片的结构参数，现采用正方形网格进行剖分，其中，h 为网格的大小，空间任意一点 (i, j) 的电位可表示为 $\varphi_{(i,j)}$，那么其邻近四点的电位可分别表示为 $\varphi_{(i+1,j)}$、$\varphi_{(i-1,j)}$、$\varphi_{(i,j+1)}$、$\varphi_{(i,j-1)}$。

（二）方程离散

1. 内部节点方程离散化

一阶偏微分 $\frac{\partial \varphi}{\partial x}$ 在点 (i, j) 处的差分形式有三种表示形

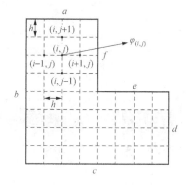

图 1-4　L 形银片的正方形网格剖分　式：① 前 向 差 分，$\frac{\varphi_{(i+1,j)} - \varphi_{(i,j)}}{h}$；② 后 向 差 分，

$\dfrac{\varphi_{(i,j)} - \varphi_{(i-1,j)}}{h}$；③中心差分，$\dfrac{\varphi_{(i+1,j)} - \varphi_{(i-1,j)}}{2h}$。

利用中心差分法，可推出二阶偏微分 $\dfrac{\partial^2 \varphi}{\partial x^2}$ 在点（i，j）处的差分形式为

$\dfrac{\varphi_{(i+1,j)} + \varphi_{(i-1,j)} - 2\varphi_{(i,j)}}{h^2}$。因此，方程（1-9）的离散化形式为

$$\varphi_{(i,j)} = \frac{1}{4}\left[\varphi_{(i,j+1)} + \varphi_{(i,j-1)} + \varphi_{(i+1,j)} + \varphi_{(i-1,j)}\right]$$

2. 边界方程离散化

对于第一类边界条件，其离散化形式为

$$\varphi_{(i,j)}\big|_b = 0.01\text{V}; \varphi_{(i,j)}\big|_d = 0\text{V}$$

对于第二类边界条件，现以 a 边为例，若采用前向差分，则其离散化形式为 $\varphi_{(i+1,j)} = \varphi_{(i,j)}$，其他边界可照此处理。

试想，在图 1-4 中，如果通过正方形网格剖分得到了 n 个节点，那么最终会得到多少个电位变量，又会得到多少个方程呢？

（三）迭代法求解

关于 n 元线性方程组的解算，可采用迭代法，通过自编程实现，其程序流程如图 1-5 所示。仿真代码详见附件 1-1。

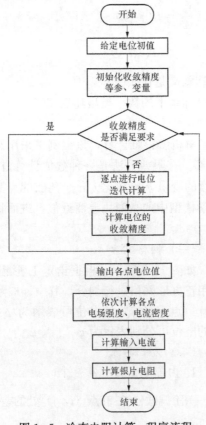

图 1-5　冷态电阻计算 - 程序流程

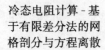

冷态电阻计算 - 基于有限差分法的网格剖分与方程离散

冷态电阻计算 - 迭代算法

冷态电阻计算 - 仿真录频

（四）仿真结果

通过仿真计算可求得 L 形银片的电阻约为 $273.49\mu\Omega$。同时，可获得 L 形银片的电位分布如图 1-6 所示。

五、课堂实验

（一）实验目的

通过实验获取 L 形银片两端电阻，并尝试测量各点电位，与仿真数据进行对比分析。

（二）实验方法

如图 1-7 所示，L 形银片被焊接在两块铜排间。实验时，恒流源通过铜排接入，与 L 形银片连接构成电通路，转动恒流源的旋钮，将电流值设定为 1A。首先，利用精密万用表测量 L 形银片两端电压，并计算电阻值，然后分别测量试品中六个标记点（见图 1-8）与 d 边间的电压差，记录并与仿真数据进行对比分析。试问，电流为什么要通过铜排引入 L 形银片？

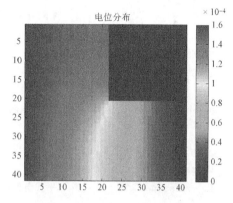

图 1-6 L 形银片电位分布图

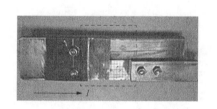

图 1-7 试品实物图

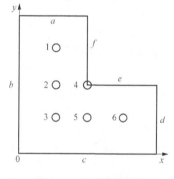

图 1-8 试品标记点

欧姆法电阻测量-实验视频

（三）实验结果

按照上述实验方法，若将 d 边电位记为 0，那么测得 L 形银片各标记点电位见表 1-1。

表 1-1 标记点电位实验测量值

标记点序号	坐标［(0, 0) 坐标点如图 1-8 所示］	电位（mV）
1	(10.5mm, 34.5mm)	0.228
2	(10.5mm, 22.5mm)	0.243
3	(10.5mm, 10.5mm)	0.255
4	(22.5mm, 22.5mm)	0.156
5	(22.5mm, 10.5mm)	0.177
6	(34.5mm, 10.5mm)	0.074

附件 1-1（仅供参考）

```
%%%%% 恒定电场 - 计算 L 形银片的电阻 %%%%%
clear;clc
```

```
%%%参数定义%%%
%尺寸参数
Ltotal = 45e - 3;                %b、c 边长
b = 1e - 4;                      %厚度
m = 51;                          %剖分网格数
h = Ltotal/(m - 1);             %空间步长
%物性参数
r = 6.3 * 10^7;                 %电导率
%电参数
Ub = 0.305e - 3;                %b、d 间电压


%%%变量定义%%%
U = zeros(m,m);                 %电位
U1 = zeros(m,m);                %下一代电位
I1 = zeros(1,1);                %电流
R = zeros(1,1);                 %电阻


%%%主程序%%%
e1 = 1e - 13;                   %给定收敛精度
e = 1;                          %给定收敛精度初值
while e>e1
    for i = 1:m
        for j = 1:m
            if i>1&&i<m&&j>1&&j<m
                U1(i,j) = (U(i - 1,j) + U(i + 1,j) + U(i,j - 1) + U(i,j + 1))/4;        %非边界点
            end
            if j = = 1                 %b 边
                U1(i,j) = Ub;
            end
            if j = = m                 %d 边
                U1(i,j) = 0;
            end
            if i = = 1                 %a 边
                U1(i,j) = U(i + 1,j);
            end
            if i = = floor(m/2) + 1&&j>m/2 + 1      %e 边
                U1(i,j) = U(i + 1,j);
            end
            if i = = m                 %c 边
                U1(i,j) = U(i - 1,j);
            end
            if j = = floor(m/2) + 1&&i<m/2      %f 边
                U1(i,j) = U(i,j - 1);
```

```
            end
        if i<m/2&&j>m/2+1          %剔除正方形的右上角变为 L 形银片
            U1(i,j) = 0;
        end
    end
end
e = max(max(abs(U-U1)));         %计算收敛精度
U = U1;
end
```

```
%计算每一列电流 场强采用后向差分
for j = 1:(m-1)
    I1(j) = (U1(1,j) - U1(1,j+1))/h*r*h/2*b;
    for i = 2:(m-1)
        I1(j) = (U1(i,j) - U1(i,j+1))/h*r*h*b + I1(j);
    end
    I1(j) = (U1(m,j) - U1(m,j+1))/h*r*h/2*b + I1(j);
end
```

```
%重新计算中间一列电流 中间一列电流应只算下半部分
    I1(ceil(m/2)) = (U1(ceil(m/2),ceil(m/2)) - U1(ceil(m/2),ceil(m/2)+1))/h*r*h/2*b;
    for i = ceil(m/2)+1:m
        I1(ceil(m/2)) = (U1(i,ceil(m/2)) - U1(i,ceil(m/2)+1))/h*r*h*b + I1(j);
    end
    I1(ceil(m/2)) = (U1(m,ceil(m/2)) - U1(m,ceil(m/2)+1))/h*r*h/2*b + I1(j);
I = mean(I1(:));  %I1 矩阵为每一列计算出来的电流,I 为所有计算出来的电流取平均值
```

```
%计算电阻
R = Ub/I;
```

第二节　通电矩形铜片稳态温升计算

一、问题引入

在电力系统中,电流热效应将会引起电气设备温度的升高,进而影响该设备的使用寿命。通常,在额定通流情况下,熔断器的端排温升不能超过 70K,熔体最高温度不能超过 200℃,为此,在进行熔体结构设计时,必须充分考虑熔断器额定通流情况下端排的温升要求,以及熔体最高温度指标,计算熔断器在额定通流情况下的温度分布情况。该案例将围绕通电矩形铜片的稳态温度分布问题展开计算方法与结果的讨论。

二、课堂案例与讨论

（一）课堂案例

图 1-9 为一块通流为 I 的矩形薄铜片,已知：铜片厚度 $h=0.1mm$,短边 $a=c=1mm$,长边 $b=d=100mm$,环境温度 20℃,$U_{ac}=0.1V$。试问：铜片的稳态温度、电位分布如何？

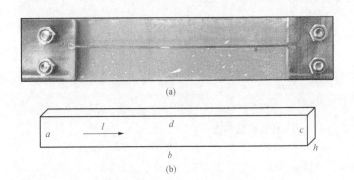

(a)

(b)

图 1-9　通电矩形薄铜片

(a) 实物图（俯视图）；(b) 几何模型（俯视图）

稳态温升计
算-问题引入

（二）课堂讨论

(1) 随着电流的升高，铜片电阻会有什么样的变化？

(2) 尝试建立通电矩形薄铜片的稳态电热场数学模型。

(3) 若仅建立矩形薄铜片在一维坐标系（沿长边 b、d 方向）下的几何模型，试计算温度、电位沿长边方向的分布曲线（可利用自编程实现），并重点分析温度分布曲线的规律。

(4) 对比仿真、实验结果，试分析误差产生的原因。

(5) 理解对流换热、对流换热系数、对流换热方程的物理意义，并举例说明。

(6) 考虑对流换热边界，尝试利用有限元软件建立通电矩形薄铜片的三维仿真模型，重新计算温度分布，并与实验结果进行对比分析。

三、数学模型

（一）稳态电热场的基本方程

铜片通流后，由于电流的热效应，铜片温度逐渐升高，电导率发生变化，进而影响电阻的变化。如果电流恒定，电位分布也会发生变化，显然这是一个涉及电、热场耦合的物理过程，当温度不再变化时（该案例中，温度的变化不会导致铜片发生状态变化），电、热分布达到一个稳态，故该案例是一个稳态电热场问题。

根据热力学第一定律，对于任意一个微元体而言，当温度不再变化时，单位时间内产生的热量等于单位时间内净流出的热量，其表达式为

$$\vec{E} \cdot \vec{J} = \nabla \cdot \vec{q} \qquad (1-12)$$

式中：$\vec{q}$ 为热流密度，W/m^2。

$\vec{q}$ 满足傅里叶定律：

$$\vec{q} = -\lambda \nabla T \qquad (1-13)$$

式中：λ 为热导率，$W/(m \cdot K)$；T 为温度，K 或 ℃。

热流密度是温度场中的基本变量之一，事实上，恒定电场中有一个它的"同胞兄弟"，称作电流密度 $\vec{J}$，想一想，它们之间有着怎样的共同特质呢？

若将式 (1-1)、式 (1-6)、式 (1-13) 代入式 (1-12)，则式 (1-12) 可化简为如下形式：

$$\gamma (\nabla \varphi)^2 = -\lambda \nabla^2 T \qquad (1-14)$$

这就是稳态电热场中温度场部分的基本方程。

关于恒定电场部分的基本方程，由于电导率 γ 是一个随温度变化的物理量，即

$$\gamma = \gamma_0 \cdot \frac{1}{1+k(T-T_0)} \qquad (1-15)$$

式中：k 为温度系数；T_0 为初始温度；γ_0 为初始温度下的电导率。

那么，联立式（1-1）、式（1-3）、式（1-6）可得

$$\nabla\gamma \cdot \nabla\varphi + \gamma\nabla^2\varphi = 0 \qquad (1-16)$$

这就是稳态电热场中恒定电场部分的基本方程。

综上，稳态电热场基本方程为

$$\begin{cases} \nabla\gamma \cdot \varphi + \gamma\nabla^2\varphi = 0 \\ \gamma(\nabla\varphi)^2 = -\lambda\nabla^2 T \end{cases} \qquad (1-17)$$

（二）一维坐标系下的数学模型

为了简化计算，不考虑铜片的对流散热，且假定铜片两端的温度等于环境温度。

根据矩形薄铜片的结构参数与通流方向，可仅选择一维坐标系建立通电矩形薄铜片的几何模型，如图1-10所示，按电流流向规定 x 轴的正方向，试想这样简化的前提是什么？

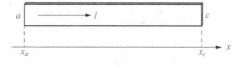

图1-10 通电矩形薄铜片在一维坐标系下的几何模型

1. 基本方程在一维坐标系下的展开式

将稳态电热场的基本方程在一维坐标系下展开，可得到如下微分方程组：

$$\begin{cases} \dfrac{d\gamma}{dx} \cdot \dfrac{d\varphi}{dx} + \gamma\left(\dfrac{d^2\varphi}{dx^2}\right) = 0 \\ \gamma\left(\dfrac{d\varphi}{dx}\right)^2 = -\lambda\left(\dfrac{d^2 T}{dx^2}\right) \end{cases} \qquad (1-18)$$

其中，$\gamma = \gamma_0\dfrac{1}{1+k\Delta T}$。

2. 边界条件

由于矩形薄铜片上的电位沿电流方向逐渐降低，不妨假设 c 边电势为 0V，则电边界条件为

$$\varphi_{x_a} = 0.1V, \ \varphi_{x_c} = 0V$$

已知环境温度为20℃，那么热边界条件为

$$T_{x_a} = T_{x_c} = 20℃$$

至此，通电矩形薄铜片在一维坐标系下的数学模型建立完毕。

四、仿真计算

首先采用有限差分法（自编程实现）对上述一维模型进行解算，然后再利用有限元软件建立通电矩形薄铜片的三维仿真模型并进行案例求解。

稳态温升计算-数学建模

（一）基于有限差分法的仿真计算

1. 网格剖分

将铜片沿 x 轴方向进行100等分（网格剖分个数可以根据需要自行调整），具体剖分方法如图1-11所示，其中，点（i）处的电位、温度分别表示为 $\varphi_{(i)}$、$T_{(i)}$。

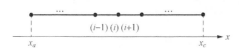

图1-11 网格剖分

2. 方程离散

根据第一节介绍的微分方程离散化方法，现采

用中心差分法对式（1-18）进行方程离散，可得稳态电热场的离散化方程，即

$$
\begin{cases}
\varphi_{(i)} = \dfrac{1}{8\,\gamma_{(i)}}\big[\gamma_{(i+1)} - \gamma_{(i-1)}\big]\big[\varphi_{(i+1)} - \varphi_{(i-1)}\big] + \dfrac{1}{2}\big[\varphi_{(i+1)} + \varphi_{(i-1)}\big] \\[2ex]
T_{(i)} = \dfrac{\gamma_{(i)}}{8\lambda}\big[\varphi_{(i+1)} - \varphi_{(i-1)}\big]^2 + \dfrac{1}{2}\big[T_{(i+1)} + T_{(i-1)}\big]
\end{cases}
\tag{1-19}
$$

其中，$\gamma_{(i)} = \gamma_0 \cdot \dfrac{1}{1 + k\big[T_{(i)} - T_{(1)}\big]}$。

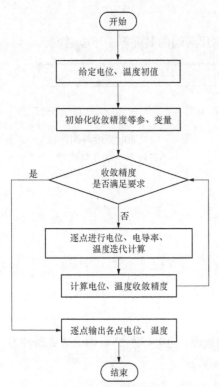

图 1-12　程序流程图

边界条件可表示为：

电边界，$\phi_{x_a} = 0.1\mathrm{V}$，$\phi_{x_c} = 0\mathrm{V}$；热边界，$T_{x_a} = T_{x_c} = 20℃$。

试想，网格剖分与方程离散之后，稳态电热场的数学模型中，变量是什么？

3. 迭代法求解

该案例的编程思路与第一节基本一致，其迭代法流程如图 1-12 所示。

相关程序代码详见附件 1-2。

4. 仿真结果

通过有限差分法的仿真计算可绘制出温度沿 x 轴方向（长边 b、d）的变化曲线，如图 1-13 所示，坐标 0 点定为 x_a 点。

（二）基于有限元的仿真计算

1. 仿真要素

首先，根据矩形薄铜片的结构参数，创建其在三维直角坐标系下的几何模型，如图 1-14 所示，然后选择物理场中的"Thermoelectric Effect"模块，完成物性、边界、激励等参数的输入，再对几何模型进行网格剖分，最后选择"Stationary Study"稳态求解器由软件自行完成模型的解算。具体建模方法详见附件 1-3。

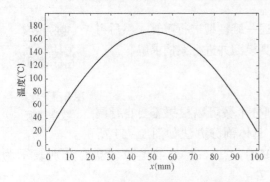

图 1-13　矩形薄铜片的温度分布曲线

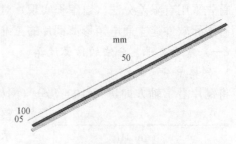

图 1-14　通电矩形薄铜片基于有限元
仿真的三维几何模型

2. 仿真结果

通过有限元仿真可获得通电矩形薄铜片的温度分布如图 1-15 所示。

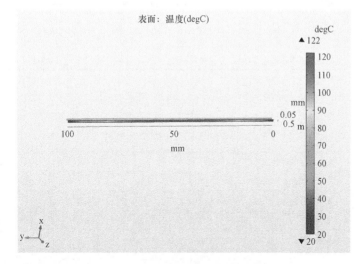

图 1-15 通电矩形薄铜片的温度分布

稳态温升计
算-仿真录频

五、课堂实验

（一）实验目的

通流后，待温度稳定，测量铜片两端电压，并记录试品上各标记点（见图 1-16）的温度，绘制温度分布曲线，与实验数据进行对比分析。

（二）实验方法

如图 1-16 所示，矩形薄铜片焊接在两块铜排间。

（1）将恒流源串联接入回路，转动恒流源旋钮，将电流值设定为 7A（保证温度稳定后，测得的铜片端电压与案例中的已知条件一致）。

（2）将电压表短接调零，然后测量铜片两端电压。

（3）待电压稳定后，记录此时电压，并计算铜片电阻。

（4）利用数字温度仪，依次测量并记录试品各标记点的温度，并绘制温度分布曲线。

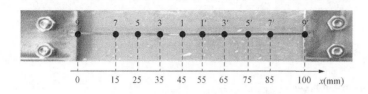

图 1-16 试品及温度测量标记点

稳态温度测
量-实验视频

（三）实验结果

通过测量，试品各标记点温度见表 1-2。

表 1-2					试 品 各 标 记 点 温 度					
标记点	9	7	5	3	1	1′	3′	5′	7′	9′
坐标（mm）（坐标零点如图 1-16 所示）	0	15	25	35	45	55	65	75	85	100
温度 T（℃）	24.4	62.3	65.3	73	75.2	75.5	72.9	64.7	61.9	23.5

附件 1-2

```
clc;
clear;

%结构尺寸
thickness = 0.1 * 10^( - 3);        %厚度
length_i = 1 * 10^( - 3);           %宽度
length_j = 100 * 10^( - 3);         %长度

%已知端电压
E_max = 0.1;
E_min = 0;
%温度边界
T_boundary_condition = 20;
%物性参数
conductivity_initial = 5.998 * 10^7;      %20℃电导率
temperature_coefficient = 0.0039;         %温度系数
heat_conductivity = 400;                  %热导率

%网格剖分
mesh_j = 101;
h_j = length_j/(mesh_j - 1);

%电位变量
E0 = zeros(1,mesh_j);
E1 = zeros(1,mesh_j);
%温度变量
T0 = T_boundary_condition * ones(1,mesh_j);
T1 = zeros(1,mesh_j);
%电导率变参量
conductivity0 = conductivity_initial * ones(1,mesh_j)./(ones(1,mesh_j) + temperature_coefficient
* (T0(1,mesh_j) - 20));
conductivity1 = zeros(1,mesh_j);

%迭代次数
times = 0;
```

```
% 精度
accuracy_E = 1;
accuracy_T = 1;


% 电位初值
for j = 1:mesh_j
    if j = = 1
        E0(j) = E_max;

else if j = = mesh_j
            E0(j) = E_min;

        else
            E0(j) = (E_max - E_min)/(mesh_j - 1) * (mesh_j - j);

        end
    end
end


% 迭代
while accuracy_E>10^( - 7)||accuracy_T>10^( - 5)
    for j = 1:mesh_j
        if j = = 1
            E1(j) = E0(j);
            T1(j) = T0(j);
            conductivity1(j) = conductivity0(j);
        else if j = = mesh_j
                E1(j) = E0(j);
                T1(j) = T0(j);
                conductivity1(j) = conductivity0(j);
            else

T1(j) = conductivity0(j) * (E0(j + 1) - E0(j - 1))^2/8/heat_conductivity + (T0(j + 1) + T0(j - 1))/2;
E1(j) = (conductivity0(j + 1) - conductivity0(j - 1)) * (E0(j + 1) - E0(j - 1))/conductivity0(j)/8 + (E0(j + 1) + E0(j - 1))/2;
conductivity1(j) = conductivity_initial/(1 + temperature_coefficient * (T1(j) - 20));
            end
        end
    end
    accuracy_E = max(max(abs((E1 - E0). /E0)));
    accuracy_T = max(max(abs((T1 - T0). /T0)));
    E0 = E1;
```

```
T0 = T1;
conductivity0 = conductivity1;
times = times + 1;
end
```

　附件 1-3

　1. 创建几何模型

　　首先，单击"模型向导"，选择"三维"空间维度，然后在"选择物理场"中，选择"传热"模块下的"热电效应"，并单击"完成"。

　　右击"几何"选项，选择"长方体"，根据实际研究对象的结构尺寸，将长方体的几何尺寸填入相应的位置，单击"构建选定对象"，如图 1-17 所示。

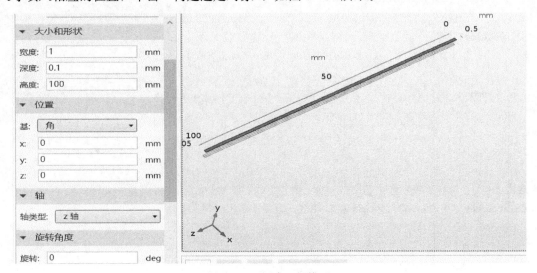

图 1-17　创建几何模型

　2. 定义材料属性

　　如图 1-18 所示，右击"材料"选项，选择"从库中添加材料"，然后输入"copper"，

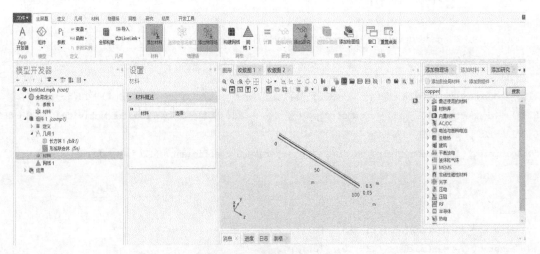

图 1-18　选择"copper"

单击"搜索",选择铜材料（双击），进而将整个模型的材料属性设置为铜，然后根据实际研究对象设置铜材料的属性参数，如图1-19所示。

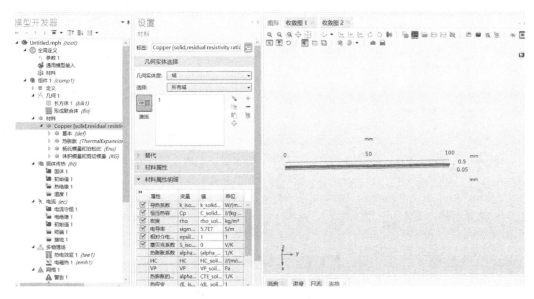

图1-19 设置"copper"属性

3. 选择物理场并设置边界条件

右击"固体传热"，添加"温度"，选中矩形铜片左右两侧，将其热边界条件设置为283.15K（或20℃），如图1-20所示，然后右击"固体传热"，添加"热通量"；选中铜片其余四个面，将其对流换热系数设置为28W/（m²·K），如图1-21所示。

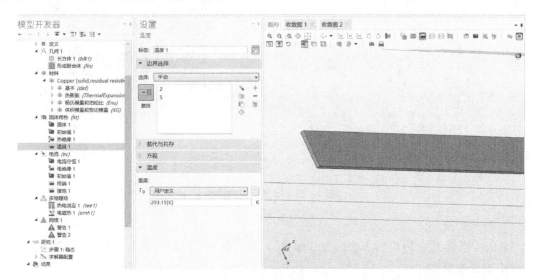

图1-20 设置温度一类边界条件

单击菜单界面中的"物理场"，在"边界"中选择"终端"，选中铜片的一个侧面，将电流值设为"7A"，然后右击"电流"，选择"接地"，并选中铜片的另一个侧面，如图1-22所示。

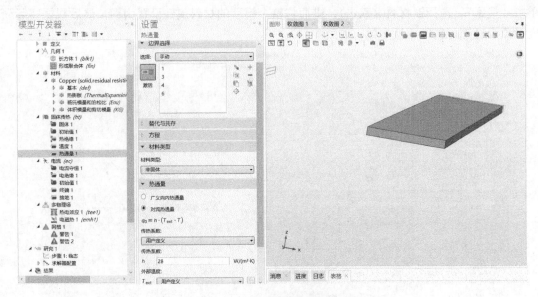

图 1-21   设置对流换热系数

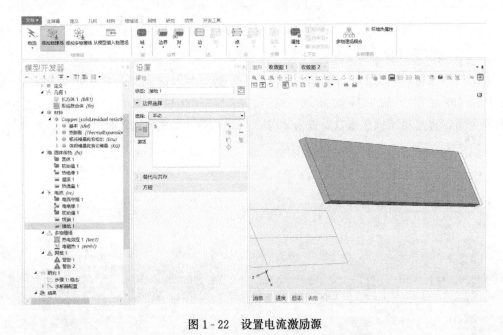

图 1-22   设置电流激励源

4. 网格剖分

单击"网格 1",将单元大小选为"细化",然后单击"全部构建",如图 1-23 所示。

5. 选择求解器

单击"添加研究",选择并双击"稳态",然后单击"计算",如图 1-24 所示。

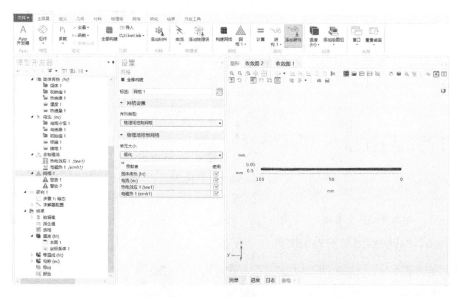

图 1-23 有限元剖分

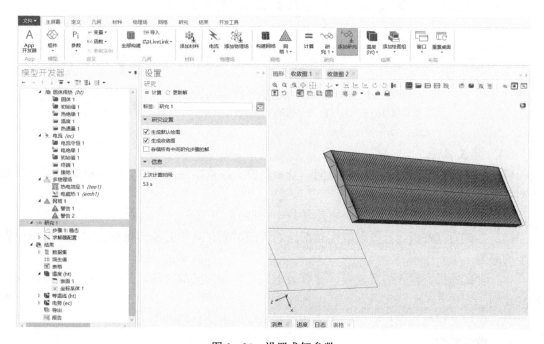

图 1-24 设置求解参数

第三节 通电细铜丝弧前时间计算

一、问题引入

熔断器是电力系统常用保护器件之一，其结构如图 1-25 所示，主要由熔体、绝缘外壳、填料以及端帽等构成，填料为石英砂，包裹在熔体周围。当短路故障发生时，熔体狭颈

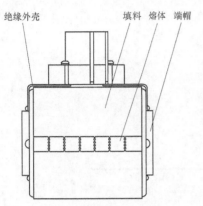

图 1-25　熔断器结构示意图

绝缘外壳　　　　填料　熔体　端帽

处温度迅速升高至熔点，熔断器熔断起弧，通常我们把从短路发生至熔体最高温度达到熔点进而熔断起弧的时间称为弧前时间。实际应用中，弧前时间越短越好，那么弧前时间怎样计算？它与短路电流间有着怎样的数学关系呢？由于实际熔体结构比较复杂，该案例将围绕一根通电细铜丝弧前时间的计算问题展开方法与结果的讨论。

二、课堂案例与讨论

（一）课堂案例

如图 1-26 所示，已知铜丝长度（沿通流方向）为 10mm，线径为 0.18mm，环境温度 20℃，现通以 140A 恒定电流，试计算铜丝熔断的弧前时间。

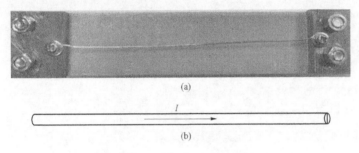

(a)

I

(b)

图 1-26　通电圆截面细铜丝
(a) 实物图（俯视图）；(b) 几何模型（俯视图）

弧前时间计
算-问题引入

（二）课堂讨论

（1）列举生活中熔断器的使用实例，查阅资料关注熔断器的结构、熔体材料以及熔断器选型等内容。

（2）尝试建立通电铜丝的瞬态电热场数学模型。

（3）尝试通过解析，计算通电铜丝熔断的弧前时间，并与实验结果进行对比，分析误差产生的原因。

（4）尝试通过有限元仿真建模，计算通电铜丝熔断的弧前时间，并与解析、实验结果进行对比。

（5）尝试利用仿真软件，进一步分析铜丝熔断前电阻热能的去向。

三、数学模型

（一）瞬态电热场的基本方程

铜丝通一大电流后，由于电流的热效应，铜丝温度迅速升高，与稳态温度场问题不同的是，由于铜丝通流大，在温度分布达到稳定前，最高温度已经达到铜丝熔点，铜丝熔断，因此该案例是一个瞬态电热场问题。

在计算弧前时间过程中，温度随着时间的变化而变化，那么根据能量守恒定律，对于任意一个微元体而言，单位时间内产生的热量，一部分等于单位时间内净流出的热量，另一部分转化为微元体的内能，温度升高，其数学表达式为

$$\rho c\,\frac{\partial T}{\partial t}=\vec{E}\cdot\vec{j}-\nabla\cdot\vec{q} \tag{1-20}$$

式中：ρ 为密度，kg/m^3；c 为比热容，$J/（kg\cdot K）$。

式（1-20）就是瞬态电热场中温度场部分的基本方程。

瞬态电热场中恒定电场部分的内容与稳态电热场案例相同，此处不再赘述。

将式（1-1）、式（1-6）、式（1-10）代入式（1-25）中，可得瞬态电热场的基本方程为

$$\begin{cases}\nabla\gamma\cdot\nabla\varphi+\gamma\nabla^2\varphi=0\\[2mm]\rho c\,\dfrac{\partial T}{\partial t}=\gamma\,(\nabla\varphi)^2+\lambda\nabla^2 T\end{cases} \tag{1-21}$$

其中，$\gamma=\dfrac{\gamma_0}{1+k(T-T_0)}$。

（二）一维坐标系下的数学模型

根据圆截面铜丝的结构参数与通流方向，可仅选择一维坐标系建立通电细铜丝的几何模型，如图1-27所示，按电流流向规定 x 轴的正方向，试想这样简化的前提是什么？

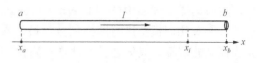

图 1-27　通电细铜丝在一维坐标系下的几何模型

1. 基本方程在一维坐标系下的展开式

将瞬态电热场基本方程在一维坐标系下展开，得到如下偏微分方程组：

$$\begin{cases}\dfrac{\partial\gamma}{\partial x}\cdot\dfrac{\partial\varphi}{\partial x}+\gamma\Big(\dfrac{\partial^2\varphi}{\partial x^2}\Big)=0\\[3mm]\rho c\,\dfrac{\partial T}{\partial t}=\gamma\Big(\dfrac{\partial\varphi}{\partial x}\Big)^2+\lambda\Big(\dfrac{\partial^2 T}{\partial x^2}\Big)\end{cases} \tag{1-22}$$

其中，$\gamma=\gamma_0\dfrac{1}{1+k\Delta T}$。

2. 边界条件与初始条件

在瞬态电热场中，电位、温度不仅随空间变化，也随时间变化，因此为了求式（1-22）的定解，必须同时给定电位、温度的边界条件与初始条件。

如图1-27所示，电位、温度的边界条件如下：

（1）$\varphi_{x_b}(t)=0V$，$\varphi_{x_a}(t)$ 由电流和各个时刻的电阻计算得出；

（2）$T_{x_a}(t)=20℃$，$T_{x_b}(t)=20℃$。

温度的初始条件为 $T_{x_i}(0)=20℃$。

电位的初始条件：零时刻（即铜丝温度为初始温度20℃时）铜丝上的电位分布，在 x_i 点处的电位为 $\varphi_{x_i}(0)=\dfrac{x_b-x_i}{x_b-x_a}\varphi_{x_a}(0)$，其中 $\varphi_{x_a}(0)$ 可由零时刻的电阻和电流求出。

至此，通电细铜丝在一维坐标系下的数学模型建立完毕。

四、模型解算

（一）简化的解析计算

为了进一步简化计算，假设铜丝左右两个端面绝热，于是式（1-22）可简化为

弧前时间计算-数学建模

$$\begin{cases} \dfrac{\partial^2 \varphi}{\partial x^2} = 0 \\ \alpha \dfrac{\partial T}{\partial t} = \gamma \left(\dfrac{\partial \varphi}{\partial x}\right)^2 \end{cases}$$

若将初始温度记作 $T(0)$，那么可推出弧前时间 t_{pre} 的表达式如下：

$$t_{\mathrm{pre}} = \frac{c \cdot \rho_{\mathrm{m}} \cdot \ln\{k_{\mathrm{T}}[T_{\mathrm{m}} - T(0)] + 1\}}{\rho_{\mathrm{e0}} \cdot k_{\mathrm{T}}} \cdot \frac{1}{\delta^2}$$

式中：ρ_{m} 为密度，kg/m^3；c 为比热容，$J/(kg \cdot K)$；k_{T} 为电阻率温度系数，K^{-1}；T_{m} 为铜的熔点，K；ρ_{e0} 为 $T(0)$ 时铜的电阻率，$\Omega \cdot m$；δ 为电流密度，A/m^2。

（二）基于有限元的仿真计算

1. 仿真要素

首先，根据细铜丝的结构参数，创建其在三维直角坐标系下的几何模型，如图 1-28 所示，然后选择物理场中的"Thermoelectric Effect"模块，完成物性、边界、激励等参数的输入，再对几何模型进行网格剖分，最后选择"Stationary Study"瞬态求解器由软件自行完成模型的解算。具体建模方法详见附件 1-3。

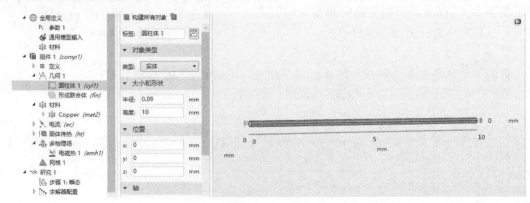

图 1-28　通电细铜丝基于有限元的三维几何模型

2. 仿真结果

通过有限元仿真可计算通电细铜丝的弧前时间为 2.7ms，铜丝熔断时刻（最高温度达到铜熔点）的温度分布如图 1-29 所示。

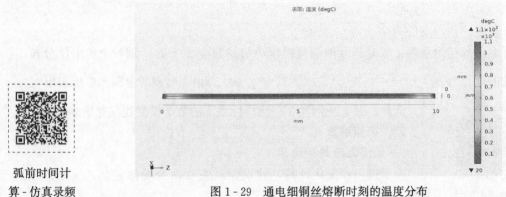

弧前时间计
算-仿真录频

图 1-29　通电细铜丝熔断时刻的温度分布

五、课堂实验

（一）实验目的

一方面根据案例中 140A 的恒流条件，设计并构建如图 1-30 所示的实验平台；另一方面测量细铜丝的弧前时间，并与解析、仿真结果进行对比分析。

（二）实验方法

如图 1-25 所示，铜丝固定在两块铜排间。

（1）如图 1-30 所示，计算回路中的电流预期波形，然后搭建实验线路图，同时将闭环霍尔电流传感器串接入回路。

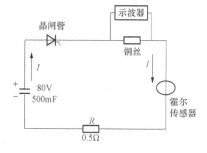

图 1-30 案例实验电路图

（2）利用万用表测量电容两端电压，利用示波器记录铜丝两端电压，以及闭环霍尔电流传感器的输出电压，根据传感器的电压与电流比计算回路电流。

（3）根据预期波形，调节示波器的时间、电压量程。

（4）将电容充电至 80V，断开充电回路。

（5）设置示波器的触发按钮，等待录入波形。

（6）触发晶闸管导通，电容放电，铜丝熔断起弧，实验结束。

弧前时间测量-实验视频

（三）实验结果

案例实验波形如图 1-31 所示，其中 CH2 通道记录的是铜丝两端电压，CH1 通道记录的是回路电流，读图可知弧前时间约为 3.1ms，其中传感器电压与电流的变比为 1∶200。

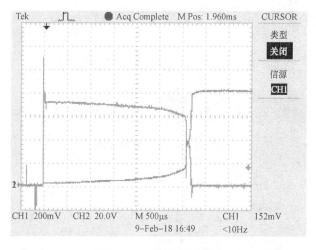

图 1-31 案例实验波形

附件 1-3

1. 创建几何模型

根据实际研究对象，同比例建模，如图 1-32 所示。

2. 设置材料属性

将整个模型的材料均设为铜，如图 1-33 所示。

3. 选择物理场并设置边界条件

（1）固体传热模块。将铜丝两端面的温度设为环境温度 20℃，将铜丝侧表面设为绝热，分别如图1-34、图1-35所示。

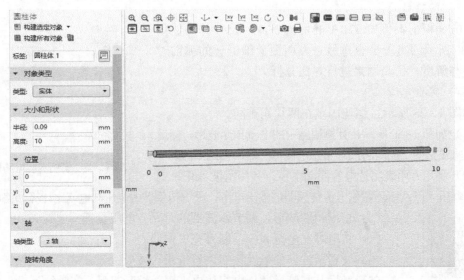

图1-32　创建几何模型

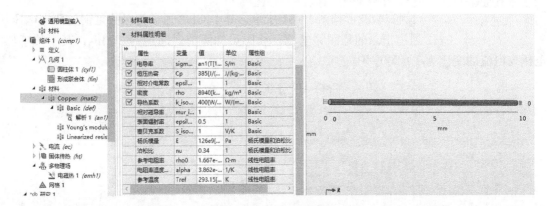

图1-33　设置材料属性

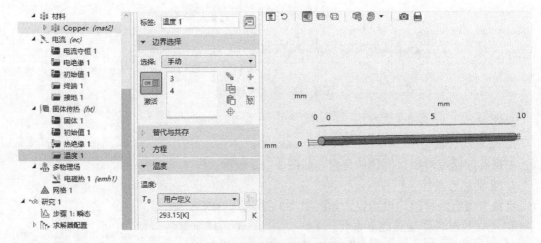

图1-34　设置温度—类边界条件

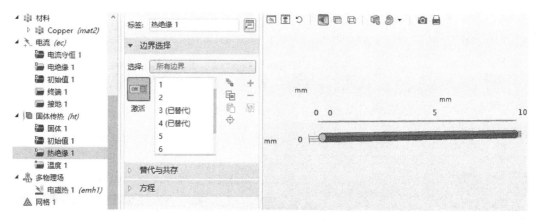

图 1-35　设置绝热条件

（2）电流。将铜丝的一端面设置为电流终端（也可设置为法向电流密度），另一端面设置为接地，分别如图 1-36、图 1-37 所示。

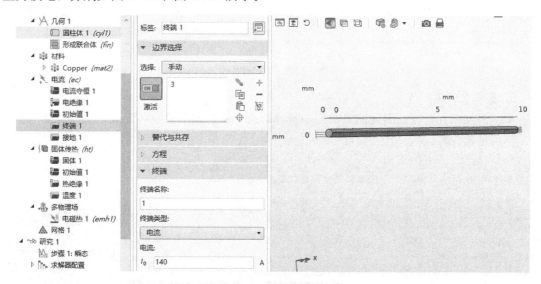

图 1-36　设置电流激励源

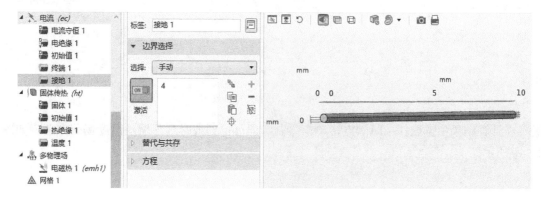

图 1-37　设置接地端

4. 网格剖分

细化网格剖分，如图1-38所示。

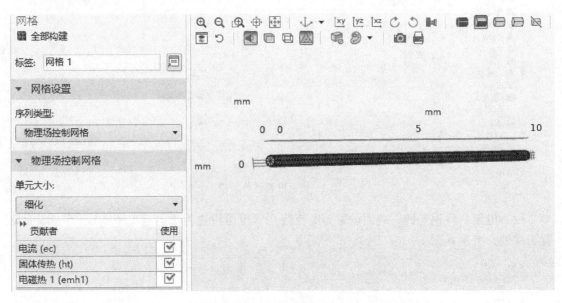

图1-38　有限元剖分

5. 选择求解器

单击添加研究，在新出现的菜单栏中选择瞬态，瞬态菜单栏中各参数设置如图1-39所示，然后单击计算。

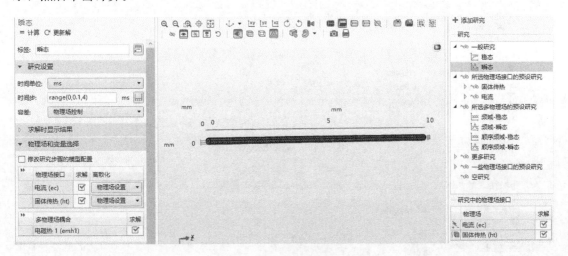

图1-39　设置求解参数

在计算结果中选取任一时间点，单击绘制，即可得到该时刻下铜丝温度场分布图，如图1-40所示。

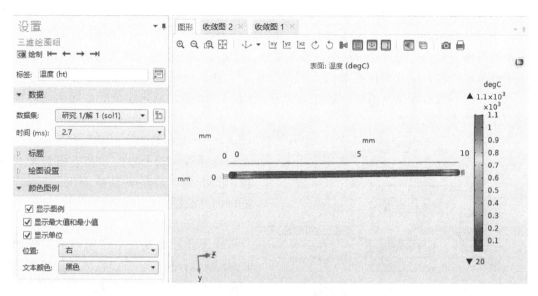

图 1-40 绘制温度场分布图

第四节 超快速熔断器综合设计

一、背景需求

为规避交流系统存在的全船失电隐患，我国船舶选用了更先进的直流综合电力系统技术。图 1-41 是船舶直流综合电力系统的网络结构拓扑，从左至右，分别是交直流发电系统、直流配电网、各类型交流负载，其中直流电是通过逆变器为交流负载供电。当发电机出口侧发生短路时，一方面短路电流可在 5ms 内攀升至 100kA 甚至更高，另一方面短路发生后，电网电压迅速降低，无法维持负载的正常供电，转而由逆变器内部的支撑电容继续向交流负载供电，但是支撑电容体积有限，最长供电时间仅 20ms 左右。因此，有必要开展短路快速保护的研究。

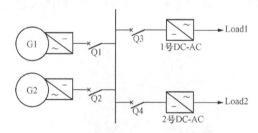

图 1-41 船舶直流综合电力系统的网络结构拓扑

二、传统熔断器主要问题

传统熔断器存在额定电流、电压不大的问题。对于额定电流、电压较小的熔断器，在满足额定通流时稳态温升要求的情况下，为了缩短弧前时间，狭颈截面积可以做得较小，然而，随着额定电流的增大，为了依然满足额定通流时稳态温升的要求，必须增大狭颈截面积，这将导致相同故障电流情况下，弧前时间增长，进而影响熔断器的分断能力。随着额定电压的升高，熔断器断口数量增加，电阻增大，在额定电流相同的情况下，熔断器稳态温升将增大，为了保证熔断器的额定通流能力，必须增大狭颈截面积，这又将导致相同故障电流情况下，弧前时间增长。

三、混合型熔断器工作原理

为了解决传统熔断器的固有问题，团队开展了混合型熔断器方案的关键技术研究与产品研发。混合型熔断器由传感器、开断器与灭弧熔断器三部分组成，如图1-42所示。额定通流时，电流从开断器上流过。短路发生时，按时序分为如下过程：①短路检测、判定；②高速开断器开断，短路电流开始转移至灭弧熔断器；③电流完全转移至灭弧熔断器后，高速开断器开始介质恢复；④灭弧熔断器弧前时间结束后，建立电弧电压，加载至高速开断器两端。目前，这种混合型熔断器的分断时间仅为2、3ms。试想，额定通流时，如何能够保证电流仅从开断器上流过？

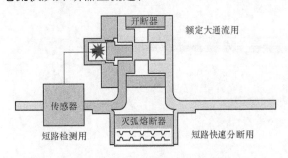

图1-42　混合型熔断器原理框图

（一）传感器

传感器分电子测控型和电弧触发型两种，其主要功能是一旦检测出系统故障，随即向开断器发出动作触发信号。

1. 电子测控型

电子测控型混合型熔断器的组成如图1-43所示，传感环节包括电流传感器、电子测控单元和隔离变压器。发生短路时，电子测控单元检测并判断出故障电流后，产生触发信号，经隔离变压器形成点火信号，引爆高速开断器内的炸药，开断器迅速分断，隔离变压器可实现电子测控单元与系统电路间的电气隔离。

2. 电弧触发型

电弧触发型混合型熔断器方案最早由美国G&W电力公司的H. M. Pflanz等人提出，其组成如图1-44所示，该方案利用电弧触发器实现故障电流的检测，并通过弧压的建立产生触发信号。电弧触发器和普通熔断器结构相似，由两块铜板和连接在其间的金属熔体以及填料、包壳构成，但它的金属熔体仅有一排很短的狭颈，而且与两侧大铜板靠得很近，有良好的散热作用，电弧触发器的熔体结构如图1-45所示。试想：电弧触发器与传统熔断器在结构设计上有怎样的区别？为什么会有这样的区别？

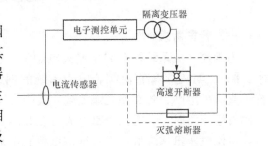

图1-43　电子测控型混合型熔断器组成

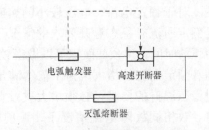

图1-44　电弧触发型混合型
熔断器组成

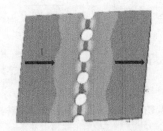

图1-45　电弧触发器的熔体结构

短路发生时，电弧触发器狭窄的熔体部分温度快速上升，由于短路电流上升率很高，热量来不及向外扩散，熔体快速熔断，断口间产生电弧，由于电弧极区效应和填料的冷却作用，虽然电弧很短，电压仍可达到 40V 以上，足以直接引爆电雷管。电弧触发器集正常通流、短路检测和触发点火于一体，具有体积紧凑、成本低、可靠性高等优点。

进一步思考：电子测控型和电弧触发型传感器的利与弊。

（二）开断器

开断器分炸药辅助和火药辅助两种开断方式。以炸药辅助开断器为例，它通常由外壳、载流金属导体、电雷管和少量炸药组成。混合型熔断器中，开断器承担着两大任务：一是承载正常状态的负荷电流，此时开断器的温升除需满足国家标准对开关电器的相关要求外，还需保证内部的电雷管和炸药不会受热老化失效；二是短路状态下，开断器分断后，需保证短路电流迅速可靠地转移至灭弧熔断器，同时需保证电流转移完之后，开断器断口能够承受灭弧熔断器产生的过电压。

想一想：如何保证短路电流从开断器迅速换流至灭弧熔断器？整个换流过程主要与哪些参数有关？换流结束后，如何保证开断器打开开距可以承受灭弧熔断器两端的过电压？

（三）灭弧熔断器

灭弧熔断器和普通熔断器结构类似，由熔体、石英砂填料和外壳等部件组成，熔体由多根并联的细长薄银带组成，每根银带上面串联多个带有缺口的狭颈。短路电流流过时，灭弧熔断器需要经过一定的弧前时间才能熔断。

灭弧熔断器熔断以后，狭颈处将产生电弧，电弧被石英砂限制在狭窄的通道内并随石英砂熔化而冷却，因此具有较高的电弧电压。通常，每个狭颈可以产生 300V 左右的弧压，多个狭颈串联就可以产生更高的弧压。当熔断器的电弧电压超过系统电压时，短路电流就开始下降，在电流过零时电弧熄灭，短路电流被分断。一方面，灭弧熔断器产生的电弧电压不能太高，否则将增加开断器的介质恢复难度，也将对系统绝缘造成破坏；另一方面，灭弧熔断器的电弧电压也不能太低，否则会导致燃弧能量太大而增加灭弧熔断器的分断难度。

想一想：混合型熔断器为什么可以有效解决传统熔断器的固有问题？

四、典型案例建模与分析

为了更好地理解传统熔断器的工作原理和存在的问题，已知一款额定 700V/200A 传统熔断器的材料与结构参数（详见附件 1-4），请大家尝试完成以下设计：

（1）利用有限元仿真软件建立该款熔断器的稳态电热场模型，计算它在额定通流情况下的稳态温升，并分析是否满足温升要求。具体建模方法详见附件 1-4。

（2）利用有限元仿真软件建立该款熔断器的瞬态电热场模型，计算 10、20 倍额定电流情况下的弧前时间。

（3）在额定 700V/200A 熔断器结构基础上，设计一款额定 700V/400A 熔丝，能够满足稳态温升要求。

（4）在第三步的设计基础上，计算 10、20 倍额定电流情况下的弧前时间，分析是否满足快速性要求。

（5）在额定 700V/200A 熔断器结构基础上，设计一款额定 1400V/200A 熔丝，能够满足稳态温升要求，并计算 10、20 倍额定电流情况下的弧前时间，分析是否满足快速性能要求。

附件 1-4

1. 创建几何模型

根据额定 700V/200A 传统熔断器的主要结构参数，见表 1-3，建立其电热仿真几何模型，如图 1-46 所示，主要结构参数的几何说明如图 1-47、图 1-48 所示。当模型中某一原件的尺寸或位置需要修改时，需同时修改与其连接的其他器件的位置。

表 1-3　　　　　　　　700V/200A 传统熔断器主要结构参数

熔体数（片）	2
单片熔体断口数（排）	5
单排狭径数（个）	9
单片熔体总长（mm）	71
单片熔体厚度（mm）	0.1
圆形开孔半径（mm）	1.05
相邻串联开孔中心距（mm）	12.5

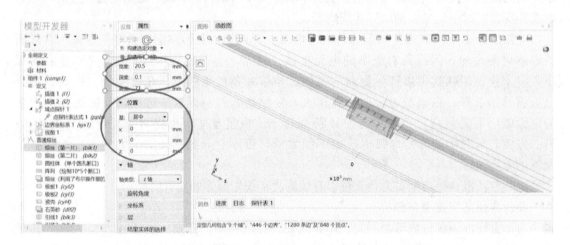

图 1-46　创建几何模型

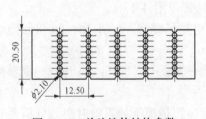

图 1-47　单片熔体结构参数

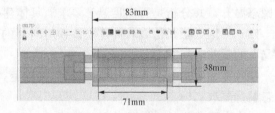

图 1-48　熔断器整机结构参数

2. 设置材料属性

熔体部分的材料为银，如图 1-49 所示，包裹熔体最外层的瓷壳与熔体间的填充材料为石英砂，如图 1-50 所示，其他结构部分的主要材料为铜，如图 1-51 所示。

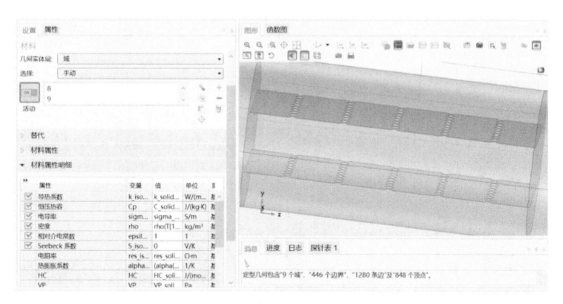

图 1-49　设置银 "silver" 属性

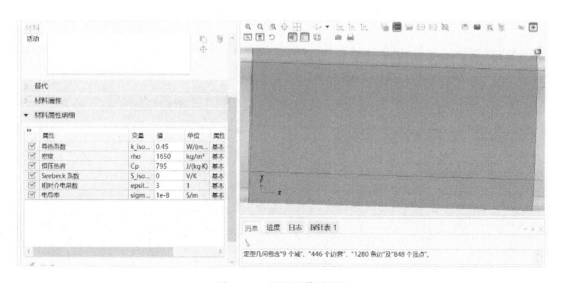

图 1-50　设置石英砂属性

常见材料如银、铜等，可从材料库中直接选择，选中材料，单击添加到组件。石英砂的材料定义需要自定义，单击材料，选择空材料，在设置栏中定义物性参数，如图 1-52 所示。

3. 选择物理场并设置边界条件

除长铜排电流流入、流出的两个端面设置为一类边界外，其余边界面均设置为对流换热，如图 1-53 所示。

已知电流特性曲线，铜排的一端设置为电流输入，如图 1-54 所示，另一端设置为接地，如图 1-55 所示。

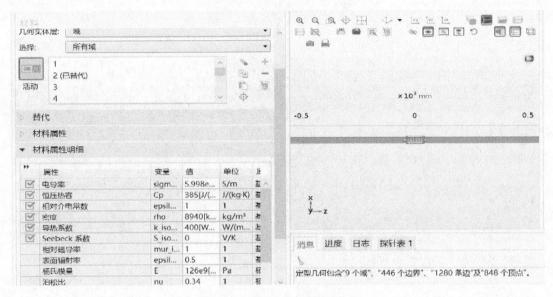

图1-51 设置铜"copper"属性

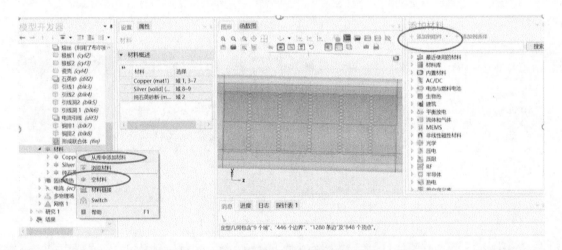

图1-52 自定义石英砂

4. 选择求解器

稳态计算时,右击研究,选择研究步骤,在新出现的菜单栏中选择稳态,稳态栏中,依然选择稳态。

瞬态计算时,右击研究,选择研究步骤,在新出现的菜单栏中选择瞬态,瞬态栏中,依然选择瞬态。

单击页面上方主屏幕,在上方菜单栏中,单击计算。

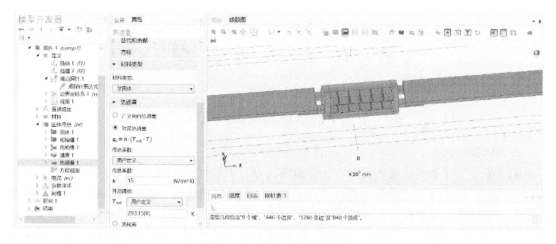

图 1-53 设置温度边界条件

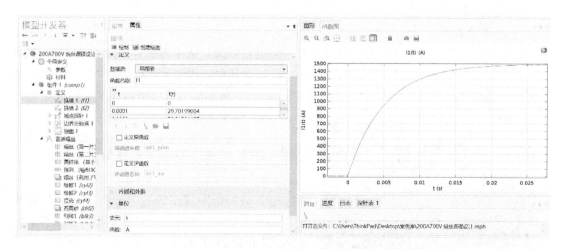

图 1-54 设置电流激励并输入电流特性曲线

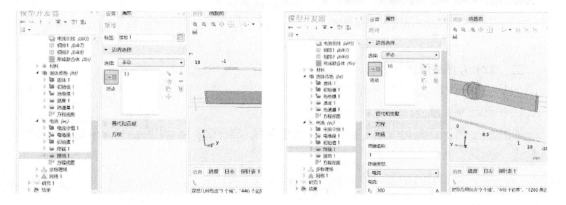

图 1-55 设置接地端

第二章 电磁场专题

第一节 中高压直流系统大电流测量

一、问题引入

随着船舶直流系统容量的提升，一方面电压等级不断提高，另一方面电流测量范围越来越广，从额定几千安到故障几十甚至上百千安。测量直流电流的方法有很多种，但同时考虑到使用的安全性、经济性与有效性，基于霍尔效应的电流传感器是一种不错的选择。该案例将围绕霍尔芯片的原理、使用以及开环、闭环霍尔电流传感器的原理进行理论分析、仿真建模以及实验研究。

二、课堂案例与讨论

（一）课堂案例

如图 2-1 所示，在距离霍尔元件 r 处有一通电直导线，电流为 I_0，已知 $I_0=10A$，试计算当 r 为 3、5、8mm 时，霍尔元件的输出电压 U_H。其中，霍尔元件型号为 A1324，输入电压为 5V，量程为 $-400\sim400G$（符号代表磁场方向），敏感度 K 为 5mV/G。

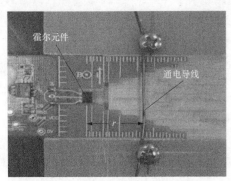

图 2-1 霍尔元件通电直导线测量装置

（二）课堂讨论

（1）简述现有直流电流测量的方法，以及在应用于中高压系统大电流测量时所存在的主要问题。

（2）解释何为霍尔效应，分析霍尔元件测电流的基本原理，并推出霍尔元件输出电压与被测电流之间的数学关系式。

（3）对比案例解析结果与实验结果，分析误差产生的原因。

（4）简述开环、闭环霍尔电流传感器的工作原理及特性。

三、基本方程与解析计算

（一）基本方程

1. 安培环路定理

如图 2-2 所示，根据安培环路定理，通电导线（电流为 I）周围某一点的磁感应强度 $\vec{B}$ 满足式（2-1）。

$$\oint_L \vec{B} \cdot \vec{\mathrm{d}l} = \mu_0 \cdot I \qquad (2-1)$$

式中：μ_0 为真空磁导率。

那么，对于单根通电电流为 I_0 的直导线，距离通电直导线 r 处的磁感应强度大小为

$$B = \frac{\mu_0 I_0}{2\pi r} \qquad (2-2)$$

式（2-2）表明，可以通过测量距离通电直导线 r 处的磁感应强度获取该直导线的通电电流 I_0。

2. 霍尔效应原理

图 2-3 为霍尔效应的原理示意图，将霍尔元件放置在磁场中，假设垂直穿过霍尔元件的磁感应强度大小为 B，当霍尔元件通以工作电流 I 时，载流子 q 在磁场中受到洛伦兹力 F_B 而发生偏转，根据左手定则，带正电的载流子向霍尔元件的上极板发生偏转，同时带负电的载流子向下极板发生偏转，进而形成了霍尔电场，此时载流子 q 同时受到洛伦兹力 F_B 与霍尔电场力 F_E 的作用，当受力平衡时，霍尔元件输出霍尔电压 U_H。

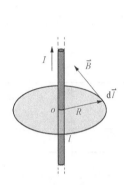 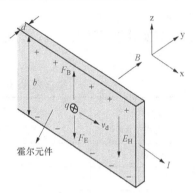

图 2-2　安培环路定理　　图 2-3　霍尔效应的原理示意图

依据霍尔效应原理可得

$$q \cdot \frac{U_H}{b} = q v_d B \tag{2-3}$$

式中：q 为每个载流子所带电量；v_d 为载流子定向移动速率。

根据电流强度的定义可得

$$I = n q v_d \cdot bd \tag{2-4}$$

式中：n 为单位体积载流子数量。

将式（2-4）代入式（2-3）可得

$$U_H = \frac{IB}{ndq} \tag{2-5}$$

对于给定型号的霍尔元件，I、n、d、q 为定值，故有

$$U_H = KB \tag{2-6}$$

式中：K 为霍尔元件的敏感度，mV/G。

联立式（2-2）、式（2-6）可建立被测电流 I_0 与霍尔元件输出电压 U_H 之间的关系，即

$$U_H = K \cdot \frac{\mu_0 I_0}{2\pi r} \tag{2-7}$$

（二）解析计算

根据式（2-7），可直接推出该案例的解析解。

当 $r = 3mm$ 时，$U_H = 33.3mV$。

当 $r = 5mm$ 时，$U_H = 20mV$。

当 $r = 8mm$ 时，$U_H = 12.5mV$。

四、课堂实验

（一）实验目的

熟悉霍尔芯片 A1324，并按照课堂案例的要求，实际测量霍尔芯片的输出电压，与理论计算值进行对比分析。

（二）实验方法

如图 2-1 所示，确认霍尔芯片的输入、输出引脚，输入端由 5V 电源供电，通电直导线通入 10A 电流，调整霍尔芯片与直导线的距离分别为 3、5、8mm，测量并记录霍尔芯片输出引脚的输出电压，反向通流，重复实验。

（三）实验结果

霍尔芯片测电流实验数据见表 2-1，试进一步分析实际测量值与理论计算值之间误差产生的原因。

表 2-1   **霍尔芯片测电流实验数据**

序号	通电直导线 电流（A）	导线与霍尔芯片中心线 距离（mm）	霍尔芯片 输出电压（mV）
1	＋10	3	2536
2	－10	3	2467
3	＋10	5	2519
4	－10	5	2479
5	＋10	8	2512
6	－10	8	2488

五、霍尔电流传感器原理与应用

实际电力系统中，通流 5kA 铜排的横截面积接近 $5000mm^2$。试问：可以直接利用霍尔芯片测量大铜排的通电电流吗？

接下来，尝试利用有限元仿真软件建立通流 5kA 铜排的电磁场模型，通过分析通电铜排磁感应强度的分布情况确定大铜排通电电流的测量方法，并理解开环、闭环霍尔电流传感器的基本原理。

（一）通电矩形铜排磁场仿真

1. 仿真要素

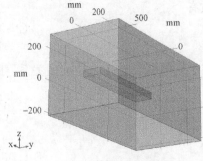

图 2-4 通电矩形铜排基于
有限元的三维几何模型

首先根据矩形铜排的结构参数，创建其在三维直角坐标系下的几何模型，如图 2-4 所示，然后选择物理场中的"磁场"及"电流"模块，完成物性、边界、激励等参数的输入，再对几何模型进行网格剖分，最后选择"Stationary Study"稳态求解器由软件自行完成模型的解算。具体建模方法详见附件 2-1。

2. 仿真结果

经计算，可得通电铜排的磁通密度模分布的仿真结果如图2-5所示。

根据图2-5的仿真结果，试想如何放置霍尔芯片可以准确测量铜排通流的大小？

（二）带聚磁环通电矩形铜排磁场仿真

1. 仿真要素

首先根据矩形铜排及聚磁环的结构参数，创建其在三维直角坐标系下的几何模型，如图2-6所示，然后选择物理场中的"磁场"及"电流"模块，完成物性、边界、激励等参数的输入，再对几何模型进行网格剖分，最后选择稳态求解器由软件自行完成模型的解算。具体建模方法详见附件2-2。

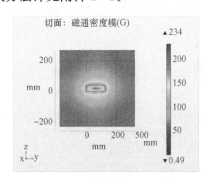

图2-5　磁通密度模分布仿真结果

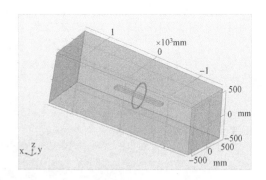

图2-6　带聚磁环通电矩形铜排基于
有限元的三维几何模型

2. 仿真结果

经计算，可得通电铜排磁通密度模分布的仿真结果如图2-7所示。

聚磁环由铁芯材料与气隙构成，可将通流铜排产生的磁通有效聚集在铁芯与气隙构成的导磁回路中。试想：如何放置霍尔芯片，可以有效测量铜排通流大小？如何设计可以保证铁芯材料工作在非饱和区？

附件2-1

1. 创建几何模型

单击"空模型"，进入设置界面后，在模型开发器窗口，右击"根节点"，单击添加"三维"组件，单击几何1，设置窗口中选择长度单位，单击mm。右击几何1，两次选择"长方体"，根据实际研究对象的结构

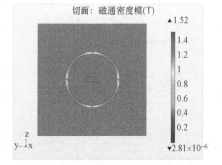

图2-7　磁通密度模分布仿真结果

尺寸，将长方体的几何尺寸填入相应的位置，单击"构建所有对象"，如图2-8所示。

2. 定义材料属性

右击"材料"选项，选择"从库中添加材料"，然后输入"Air"，单击"搜索"，选择相应材料（双击），进而将整个模型的材料属性设置为空气，如图2-9所示。

同理，右击"材料"选项，输入"Copper"，单击"搜索"，选择铜材料（双击），在设置窗口中选择域"2"，将其材料属性设置为铜，如图2-10所示。

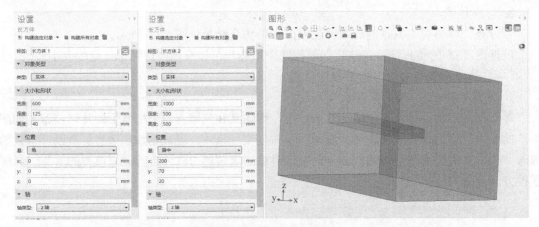

图 2-8　创建几何模型

(a) 结构参数；(b) 几何结构

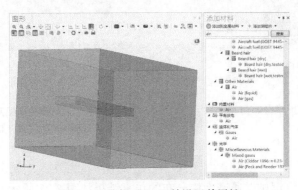

图 2-9　选择 "Air" 并设置其属性

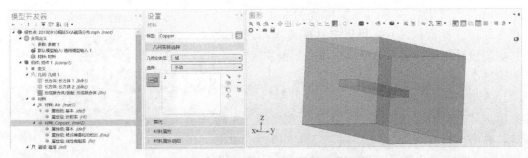

图 2-10　选择 "Copper" 并设置其属性

3. 选择物理场并设置边界条件

菜单栏物理场选项中单击 "添加物理场"，如图 2-11 所示，双击 "磁场" 模块和 "电流" 模块。

图 2-11　添加物理场

其中，"磁场"模块保持其默认参数设置。右击模型开发器窗口中的"电流"模块，在"边界"中选择"终端"，选中铜排的一个侧面，将电流值设为"5000A"，如图 2-12 所示，右击"电流"，选择"接地"，并选中铜排的另一个侧面，如图 2-13 所示。

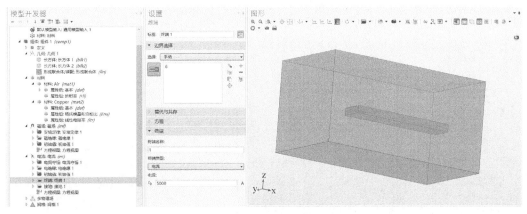

图 2-12　设置电流激励源

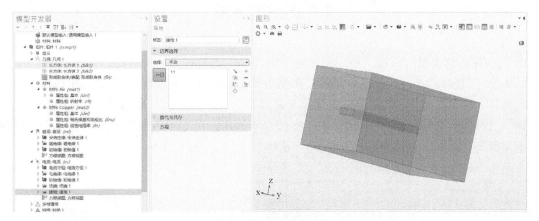

图 2-13　设置接地端

4. 网格剖分

单击"网格 1"，将单元大小选为"细化"，然后单击"全部构建"，如图 2-14 所示。

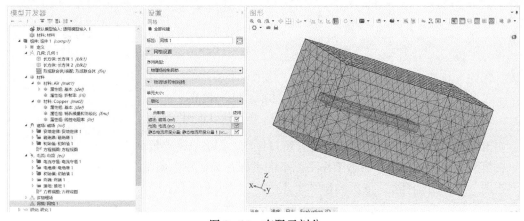

图 2-14　有限元剖分

5. 选择研究

菜单栏中单击"添加研究",选择并双击"稳态",然后单击"计算",如图2-15所示。

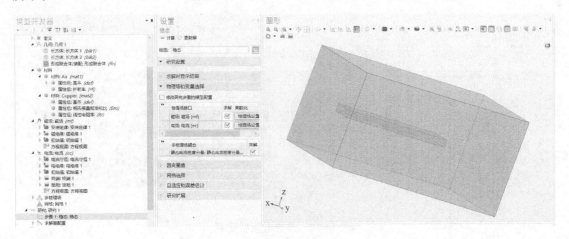

图2-15　设置求解参数

附件2-2

1. 创建几何模型

单击"空模型",进入设置界面后,在模型开发器窗口,右击"根节点",单击添加"三维"组件,单击几何1,设置窗口中选择长度单位,单击mm。右击几何1,两次选择"长方体",根据实际研究对象的结构尺寸,将长方体的几何尺寸填入相应的位置,单击"构建所有对象",如图2-16所示。

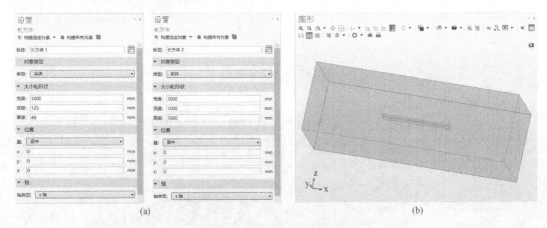

图2-16　创建铜排几何模型
(a) 铜排结构参数;(b) 铜排几何结构

右击几何1,单击工作平面,在设置窗口按图2-17修改参数。

在模型开发器窗口中,右击工作平面下的平面几何,添加如图2-18所示。

按图2-19设置参数,依次构建平面几何,创建几何1模型。

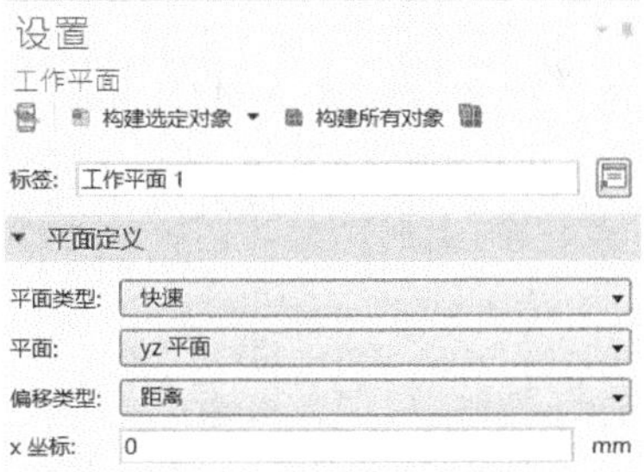

图 2-17 设置几何 1 工作平面

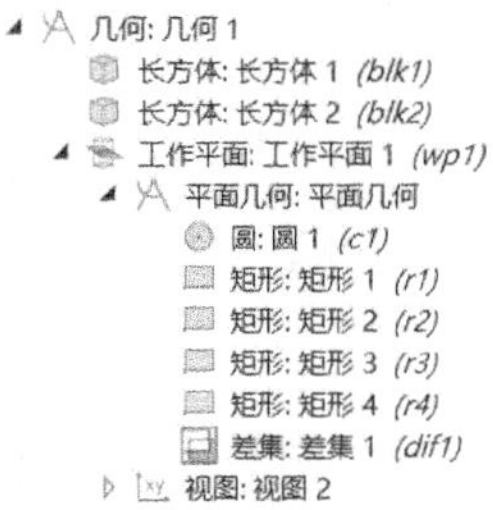

图 2-18 添加平面几何

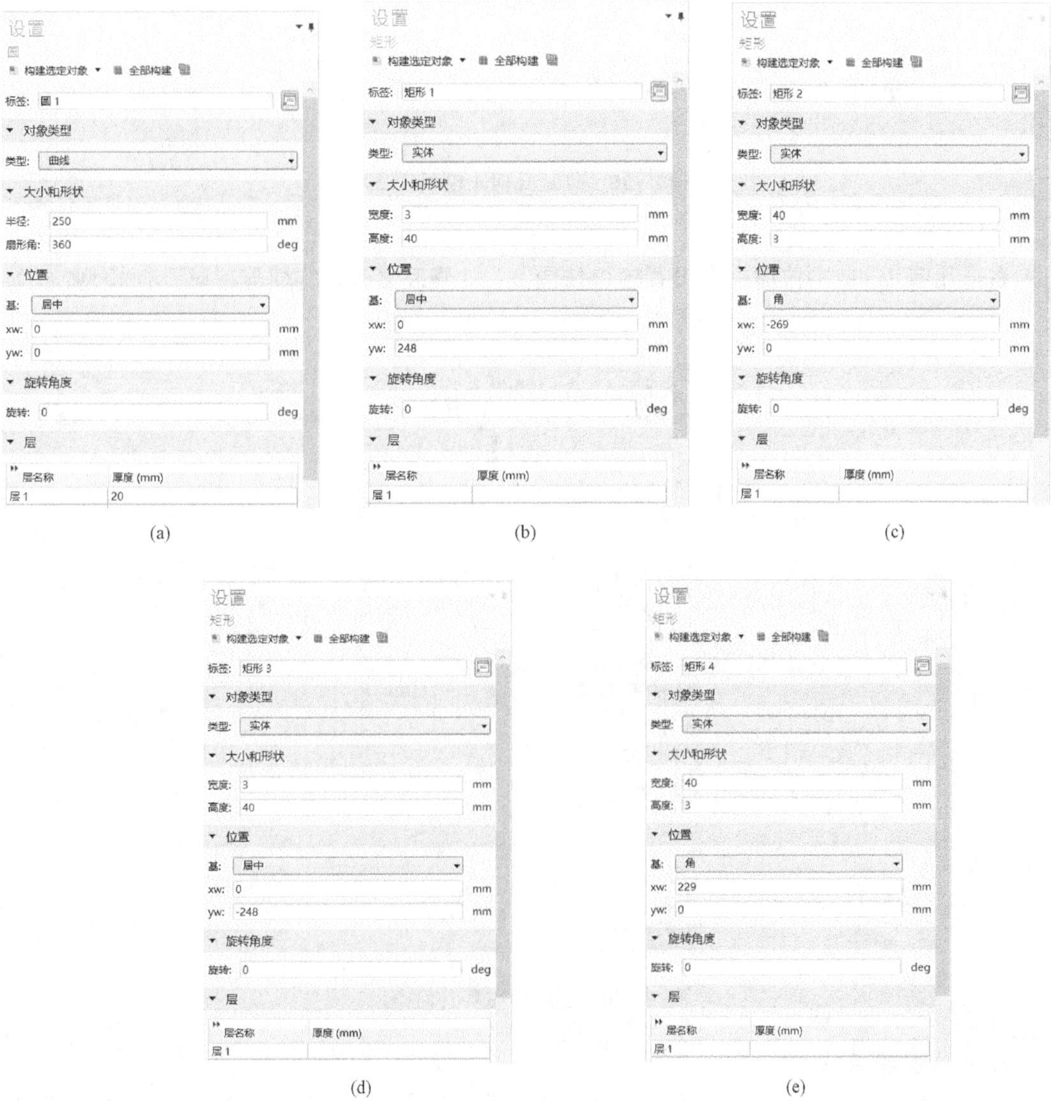

(a)

(b)

(c)

(d)

(e)

图 2-19 创建几何 1 模型（一）

（a）圆 1 结构参数；（b）矩形 1 结构参数；（c）矩形 2 结构参数；（d）矩形 3 结构参数；（e）矩形 4 结构参数

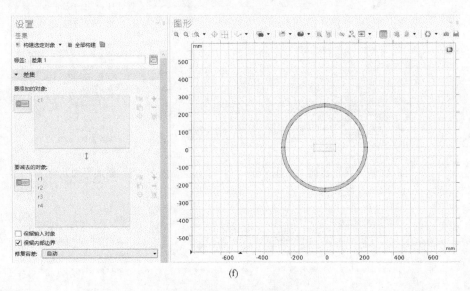

(f)

图 2-19 创建几何 1 模型（二）

(f) 设置差集 1

右击几何 1，单击拉伸，在设置窗口按图 2-20 修改参数，构建聚磁环几何模型。

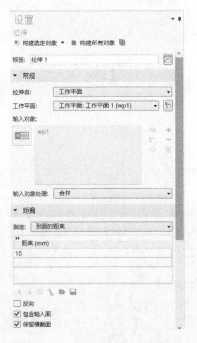

图 2-20 创建聚磁环几何模型

2. 定义材料属性

右击"材料"选项，选择"从库中添加材料"，然后输入"Air"，单击"搜索"，选择相应材料（双击），进而将整个模型的材料属性设置为空气，如图 2-21 所示。

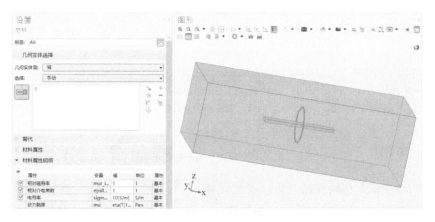

图 2-21 选择"Air"并设置其属性

同理，右击"材料"选项，输入"Copper"，单击"搜索"，选择铜材料（双击），在设置窗口中选择域"2"，将其材料属性设置为铜，如图 2-22 所示。

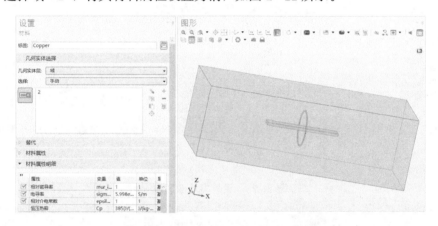

图 2-22 选择"Copper"并设置其属性

右击"材料"选项，输入"Soft Iron（with losses）"，单击"搜索"，选择相应材料（双击），在设置窗口中选择域"3""4""5""6"，如图 2-23 所示。

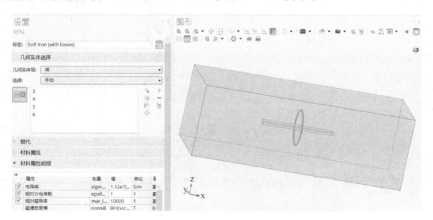

图 2-23 选择"Soft Iron"并设置其属性

3. 选择物理场并设置边界条件

菜单栏物理场选项中单击"添加物理场",如图 2-24 所示,双击"磁场"模块和"电流"模块。

图 2-24　添加物理场

其中,"磁场"模块保持其默认参数设置。

右击模型开发器窗口中的"电流"模块,在"边界"中选择"终端",选中铜排的一个侧面,将电流值设为"5000A",如图 2-25 所示,右击"电流",选择"接地",并选中铜排的另一个侧面,如图 2-26 所示。

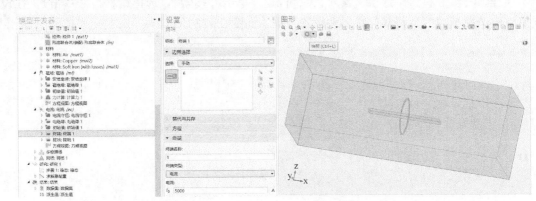

图 2-25　设置电流激励源

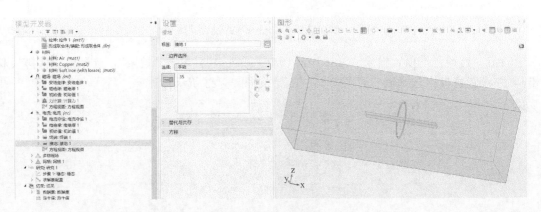

图 2-26　设置接地端

4. 网格剖分

单击"网格 1",将单元大小选为"较细化",然后单击"全部构建",如图 2-27 所示。

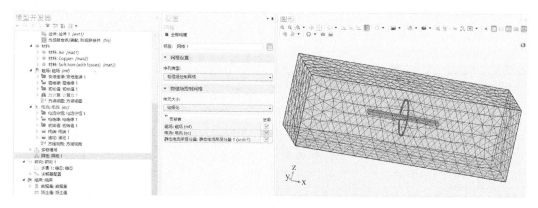

图 2-27　有限元剖分

5. 选择研究

菜单栏中单击"添加研究",选择并双击"稳态",然后单击"计算",如图 2-28 所示。

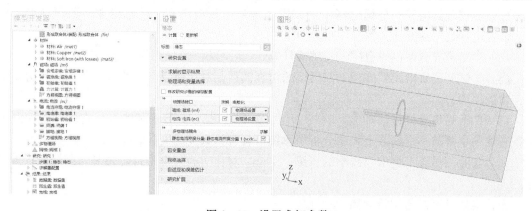

图 2-28　设置求解参数

第二节　含铁芯线圈电感计算与测量

一、问题引入

电感是自感和互感的总称。实际电力系统中,电感随处可见,变压器、发电机、电动机、电磁铁、继电器、接触器等电气设备中都存在着电感。准确计算并识别电感参数,可以有效指导这些设备的分析、设计与应用。该案例将围绕含铁芯的双线圈电感的计算,梳理磁路、磁场的基本理论,完成数学建模,通过解析、仿真、实验的对比分析,进一步理解电感、磁导等基本概念。

二、课堂案例与讨论

（一）课堂案例

图 2-29 是含铁芯双线圈电感的结构示意图,一、二次侧线圈分别缠绕在 U 形铁芯的左、右两

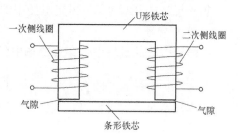

图 2-29　含铁芯双线圈电感的
结构示意图

臂上，U 形铁芯与条形铁芯间有两处气隙，气隙长度相同，具体参数见表 2-2。试计算一次侧线圈自感 L_1、二次侧线圈自感 L_2，以及一、二次侧线圈间的互感 M。

表 2-2　　　　　　　　　　　含铁芯双线圈电感结构与物性参数

一次侧线圈匝数 N_1	64 匝	二次侧线圈匝数 N_2	64 匝
一次侧电阻 R_1	652mΩ	二次侧电阻 R_2	682mΩ
铁芯总长度 l_{Fe}	288mm	铁芯截面积 S_{Fe}	218mm²
每处气隙长度 l_δ	0.35mm	气隙截面积 S_δ	218mm²
空气磁导率 μ_0	$4\pi\times10^{-7}$H/m	铁芯磁导率 μ_{Fe}	$5000\mu_0$
线圈导线直径	0.4mm		

（二）课堂讨论

（1）简述自感、互感的定义式，并解释它们的物理意义。

（2）尝试理解磁路、稳恒磁场中的基本物理量、基本定理，注意磁路、稳恒磁场与电路、恒定电场之间的类比关系。

（3）尝试推导该案例中自感、互感的计算式，并分析它们与哪些参数有关。

（4）尝试利用有限元软件建立该案例的仿真模型，对比仿真与解析计算结果，并分析误差产生的原因。

（5）在上述仿真模型基础上，若将一、二次侧线圈从 U 形铁芯的左、右两臂置换到 U 形铁芯的一字臂与条形铁芯上，试分析仿真结果会有什么样的变化。

（6）实验测量该案例中双线圈的自感、互感，对比实验与理论计算结果，并分析误差产生的原因。

三、电感计算式与解析计算

（一）稳恒磁场的基本物理量与基本定理

稳恒磁场中的基本物理量包括磁通密度 $\vec{B}$（或称磁感应强度，单位为 Wb/m²）、磁场强度 $\vec{H}$（单位为 A/m）、磁导率 μ（单位为 H/m）。

稳恒磁场的基本定理包括磁场强度与磁感应强度关系、高斯定理和安培环路定理。

1. 磁场强度与磁感应强度的关系

$$\vec{B} = \mu\vec{H} \tag{2-8}$$

式中：μ 为磁介质的磁导率。

想一想：式（2-8）与恒定电场中的欧姆定律有怎样的联系与区别呢？

2. 高斯定理

在恒定电流的磁场中，穿过磁场中任意闭合曲面的总磁通量恒等于零，即

$$\oint_s \vec{B} \cdot d\vec{S} = 0 \tag{2-9}$$

根据高斯公式，可推出式（2-9）的微分形式为

$$\nabla \cdot \vec{B} = 0 \tag{2-10}$$

3. 安培环路定理

磁场强度沿任一闭合环路 L 的线积分，等于穿过该环路所有电流的代数和，即

$$\oint_L \vec{H} \cdot \mathrm{d}\vec{l} = \Sigma i \tag{2-11}$$

（二）磁路的基本物理量与基本定理

磁路中的基本物理量包括磁通 Φ（单位为 Wb）、磁动势 F（单位为 A）、磁导 Λ_m（磁阻 R_m 的倒数，单位为 H）。

磁路的基本定理包括磁路欧姆定律、磁路基尔霍夫第一定律和磁路基尔霍夫第二定律。

1. 磁路欧姆定律

$$\Phi = \Lambda_m F \tag{2-12}$$

想一想：磁路中的磁通、磁动势、磁导（或磁阻）可以类比到电路中的哪些物理量？它们之间又有怎样的区别呢？

2. 磁路基尔霍夫第一定律

在忽略漏磁通的情况下，根据高斯定理，可得磁路基尔霍夫第一定律，即

$$\Sigma \Phi = 0 \tag{2-13}$$

磁路基尔霍夫第一定律表明，进入或穿出任一封闭面的总磁通量的代数和等于零，或穿入任一封闭面的磁通量恒等于穿出该封闭面的磁通量。

3. 磁路基尔霍夫第二定律

$$\Sigma F = \Sigma \Phi R_m \tag{2-14}$$

磁路基尔霍夫第二定律表明，任一闭合磁路上磁动势的代数和恒等于磁压降的代数和。

请尝试建立电路、恒定电场、磁路、稳恒磁场间的类比关系。

（三）电感计算式

由自感的定义可知

$$L_1 = \frac{\Psi_{11}}{I_1} \tag{2-15}$$

而

$$\Psi_{11} = N_1 \Phi_{11} \tag{2-16}$$

由磁路欧姆定律可得

$$F_1 = N_1 I_1 = \Phi_{11} \cdot (R_{mFe} + R_{m\delta}) \tag{2-17}$$

式中：Ψ_{11} 为一次侧线圈通电后产生的与一次侧线圈交链的磁链；I_1 为一次侧线圈的通电电流；F_1 为一次侧线圈通电后所产生的磁动势；R_{mFe} 为铁芯磁阻；$R_{m\delta}$ 为气隙磁阻。

联立式（2-15）～式（2-17）可得

$$L_1 = \frac{N_1{}^2}{R_{mFe} + R_{m\delta}} \tag{2-18}$$

同理，可得二次侧线圈自感 L_2，即

$$L_2 = \frac{N_2{}^2}{R_{mFe} + R_{m\delta}} \tag{2-19}$$

由互感的定义可知

$$M_{21} = \frac{\Psi_{21}}{I_1} \tag{2-20}$$

而

$$\Psi_{21} = N_2 \cdot \Phi_{21} \tag{2-21}$$

由磁路欧姆定律可得

$$F_1 = N_1 I_1 = \Phi_{21} \cdot (R_{\mathrm{mFe}} + R_{\mathrm{m}\delta}) \tag{2-22}$$

式中：M_{21} 为一次侧线圈对二次侧线圈的互感；Ψ_{21} 为一次侧线圈通电后所产生的与二次侧线圈交链的磁链；I_1 为一次侧线圈的通电电流；F_1 为一次侧线圈通电后所产生的磁动势。

联立式（2-20）、式（2-21）、式（2-22）可得

$$M_{21} = \frac{N_1 N_2}{R_{\mathrm{mFe}} + R_{\mathrm{m}\delta}} \tag{2-23}$$

同理，可得

$$M_{12} = \frac{N_1 N_2}{R_{\mathrm{mFe}} + R_{\mathrm{m}\delta}} \tag{2-24}$$

故有

$$M_{12} = M_{21} = M$$

类比于电阻，可得磁阻表达式为

$$R_{\mathrm{m}} = \frac{l}{\mu \cdot S} \tag{2-25}$$

式中：l 为磁路长度；μ 为磁导率；S 为磁通横截面积。

上述方法是从磁路角度推出电感的计算式，想一想：如何利用稳恒磁场的基本理论建立该案例求解的基本方程呢？这样计算的假设条件是什么？

（四）解析计算

将案例中的已知条件带入式（2-25），可求得气隙磁阻 $R_{\mathrm{m}\delta}$ 、铁芯磁阻 R_{mFe} 分别为

$$R_{\mathrm{m}\delta} = \frac{2 l_\delta}{\mu_0 \cdot S_\delta} = 2.56 \times 10^6 (\mathrm{H}^{-1})$$

$$R_{\mathrm{mFe}} = \frac{l_{\mathrm{Fe}}}{\mu_{\mathrm{Fe}} \cdot S_{\mathrm{Fe}}} = 2.1 \times 10^5 (\mathrm{H}^{-1})$$

根据式（2-18）可得

$$L_1 = 1.48 (\mathrm{mH})$$

因为 $N_1 = N_2$，故有 $L_1 = L_2 = M$。

四、仿真建模与计算

（一）仿真要素

首先根据含铁芯双线圈电感的结构参数，创建其在三维直角坐标系下的几何模型，如图

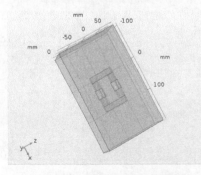

图 2-30 含铁芯双线圈电感基于
有限元的三维几何模型

2-30 所示，然后选择物理场中的 "Magnetic Fields" 模块，完成物性、边界、激励等参数的输入，再对几何模型进行网格剖分，最后选择 "Stationary Study" 稳态求解器由软件自行完成模型的解算。具体建模方法详见附件 2-1。

（二）仿真结果

经计算，可获得一、二次侧线圈自感为 1.9mH，两线圈间互感为 1.5mH，并可得到磁通密度模分布的仿真结果如图 2-31 所示。

显然，仿真计算出的自感与互感大小不相等，

同时仿真计算结果均大于解析计算结果，尝试利用稳恒磁场、磁路基本理论分析得到上述对比结果的原因。

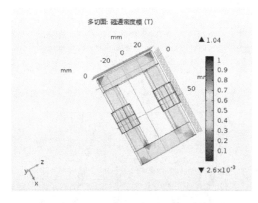

图 2-31 磁通密度模分布的仿真结果

含铁芯线圈电感
计算-仿真录频

五、课堂实验

（一）实验目的

实际测量含铁芯的双线圈自感与互感，对比实验与理论计算结果，分析误差产生的原因。

（二）实验方法

含铁芯双线圈电感参数辨识实验原理如图 2-32 所示，二次侧线圈开路，一次侧线圈与某一交流电压源串联，利用示波器同时记录二次侧线圈两端电压 u_1，一次侧线圈回路电流 i_1 以及二次侧线圈两端电压 u_2。

由于二次侧线圈开路，一次侧线圈回路的基本方程可表示为

$$\begin{cases} Z_1 = \dfrac{U_{1m}}{I_{1m}} \\ Z_1{}^2 = R_1{}^2 + (\omega L_1)^2 \end{cases} \qquad (2-26)$$

式中：Z_1 为回路阻抗；R_1 为一次侧线圈电阻；U_{1m}、I_{1m} 分别为一次侧线圈电压、电流的幅值；ω 为角频率。

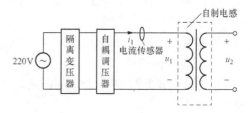

图 2-32 含铁芯双线圈电感参数
辨识实验原理图

同时，二次侧线圈端电压满足：

$$\begin{cases} u_2 = M_{21}(\mathrm{d}\,i_1/\mathrm{d}t) \\ i_1 = I_{1m}\cos(\omega t + \varphi) \end{cases} \qquad (2-27)$$

根据式（2-26）、式（2-27），可进一步推出 L_1、M_{21} 的计算式为

$$L_1 = \frac{1}{\omega}\sqrt{\left(\frac{U_{1m}}{I_{1m}}\right)^2 - R_1{}^2} \qquad (2-28)$$

$$M_{21} = \frac{1}{\omega}\frac{U_{2m}}{I_{1m}} \qquad (2-29)$$

线圈电感测
量-实验视频

（三）实验结果

实验波形如图 2-33 所示。

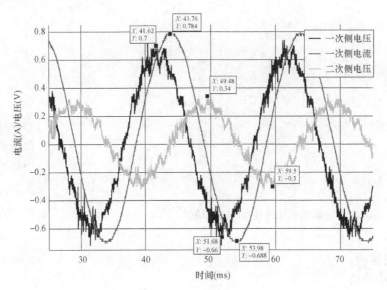

图 2-33　实验波形

根据实验数据可得一次侧线圈自感：

$$L_1 = 1.84\text{mH}$$

一、二次侧线圈间互感：

$$M = M_{21} = 1.38\text{mH}$$

实验测得的自感比互感大，此结论与仿真一致，然而实测电感的数值略小于仿真，尝试分析产生这样结果的原因。

附件 2-1

1. 创建几何模型

单击"空模型"，进入设置界面后，在模型开发器窗口，右击"根节点"，单击添加"三维"组件。

（1）模型开发器窗口中单击几何 1，设置窗口中选择长度单位，单击为 mm。

（2）右击几何 1，选择图形形状，单击所选图形，设置中分别选择大小和形状、位置，按照表 2-3 修改相关参数。

表 2-3　　　　　　　几 何 模 型 结 构 参 数

图形形状	大小和形状			位置				备注
	宽度（mm）	深度（mm）	高度（mm）	基	x（mm）	y（mm）	z（mm）	
长方体 1	16.2	13.45	70	居中	−0.35	0	0	铁芯
长方体 2	74	13.45	16.2	居中	45.1	0	26.9	铁芯
长方体 3	74	13.45	16.2	居中	45.1	0	−26.9	铁芯
长方体 4	16.2	13.45	70	居中	90.2	0	0	铁芯
长方体 5	300	100	180	居中	45	0	0	空气域

（3）右击几何 1，单击工作平面，在设置窗口按图 2-34 修改参数。

图 2-34 设置工作平面

（4）在模型开发器窗口中，下拉平面几何 1，右击⊙ 圆，在设置窗口按图 2-35 修改参数。

图 2-35 设置平面几何 1

（5）在模型开发器窗口中，右击平面几何 1，右击拉伸，在设置窗口按图 2-36 修改参数。

（6）右击几何 1，单击工作平面，在设置窗口按图 2-37 修改参数。

图 2-36 拉伸平面几何 1

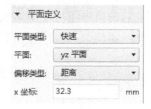

图 2-37 设置工作平面

（7）在模型开发器窗口中，下拉平面几何 2，右击圆，在设置窗口按图 2-38 修改参数。

图 2-38　设置平面几何 2

（8）在模型开发器窗口中，右击平面几何 2，右击拉伸，在设置窗口按图 2-39 修改参数。

（9）单击构建全部对象，如图 2-40 所示。

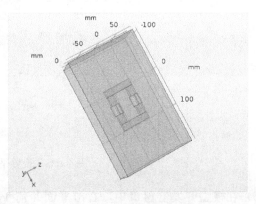

图 2-39　拉伸平面几何 2　　　　　　　　　图 2-40　创建几何模型

2. 定义材料属性

（1）模型开发器窗口中组件 1 下右击材料，单击从库中添加材料。

（2）在添加材料窗口，选择内置材料，单击 Air，单击添加到组件。

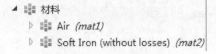

图 2-41　添加"Air"与"Soft Iron"

（3）在添加材料窗口，选择 AC/DC，单击 Soft Iron（without losses），单击添加到组件。

添加"Air"与"Soft Iron"如图 2-41 所示。

（4）模型开发器窗口中单击 Soft Iron（without losses），设置窗口中，在几何实体选择中，单击

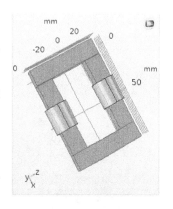

，输入 2，单击确定；继续单击 ▤，输入 3，单击确定；继续单击 ▤，输入 4，单击确定；继续单击 ▤，输入 13，单击确定，如图 2-42 所示。

若出现图 2-43，则单击 Soft Iron（without losses），在设置窗口中，在材料属性明细中，按图 2-44 输入值。

3. 选择物理场并设置边界条件

（1）菜单状态栏中选择物理场，双击添加物理场。

（2）在添加物理场窗口，选择 AC/DC，单击磁场，单击添加到组件。

（3）在模型开发器窗口中单击磁场，在设置窗口按图 2-45 修改参数。

图 2-42 定义材料为"Soft Iron"的几何实体

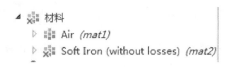

图 2-43 材料库中无"Soft Iron"

属性	变量	值	单位	属性组
相对磁导率	mur_i...	5000	1	基本

图 2-44 自定义"Soft Iron"属性

图 2-45 设置线性矢量磁势

（4）模型开发器窗口中右击磁场，单击 ▤ 线圈，设置窗口中在域选择下单击 ▤，输入 5，单击确定；继续单击 ▤，输入 6，单击确定；继续单击 ▤，输入 9，单击确定；继续单击 ▤，输入 10，单击确定，如图 2-46 所示。

（5）模型开发器窗口中磁场下，单击线圈 1，在设置窗口中按图 2-47 修改相关参数。

（6）模型开发器窗口中磁场下，下拉线圈 1，下拉几何分析 1，单击输入 1，在设置窗口中在边界选择下单击 ▤，输入 24，单击确定。

（7）模型开发器窗口中右击磁场，单击 ▤ 线圈，设置窗口中在域选择下单击 ▤，输入 7，单击确定；继续单击 ▤，输入 8，单击确定；继续单击 ▤，输入 11，单击确定；继续单击 ▤，输入 12，单击确定，如图 2-48 所示。

（8）模型开发器窗口中磁场下，单击线圈 2，在设置窗口中按图 2-49 修改相关参数。

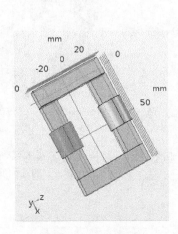

图 2-46   定义线圈 1

图 2-47   设置线圈 1 参数与激励源

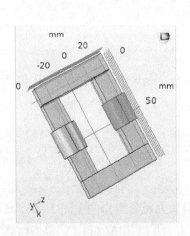

图 2-48   定义线圈 2

图 2-49   设置线圈 2 参数

（9）模型开发器窗口中磁场下，下拉线圈 2，下拉几何分析 1，单击输入 1，在设置窗口中在边界选择下单击 ，输入 29，单击确定。

（10）模型开发器窗口中右击磁场，单击 ▊▊ 矢量磁势度规修复。

4. 网格剖分

模型开发器窗口单击网格，设置窗口中单击全部构建。

5. 选择研究

（1）状态栏单击研究，双击添加研究，添加研究窗口中单击线圈几何分析，单击添加研究。

(2) 模型开发器窗口右击研究 1，选择研究步骤，选择稳态，单击稳态。

(3) 状态栏单击研究，选择求解器，单击显示默认求解器。

(4) 模型开发器窗口下拉求解器配置，下拉解 1，下拉稳态求解器 2，右击直接，单击启用。

6. 结果

(1) 单击状态栏下主屏幕中的计算，计算完成后，下拉模型开发器窗口中的结果，单击磁通密度模，结果如图 2-50 所示。

(2) 下拉模型开发器窗口中的结果，右击派生值，单击全局计算。

(3) 设置窗口中，在表达式栏，单击 ➕▾，依次下拉模型、组件 1、磁场、线圈参数，双击线圈电感。

(4) 在表达式栏，单击 ➕▾，依次下拉模型、组件 1、磁场、线圈参数，双击线圈 "2" 和 "1" 之间的互感，如图 2-51 所示。

(5) 单击设置窗口中计算，计算结果如图 2-52 所示。

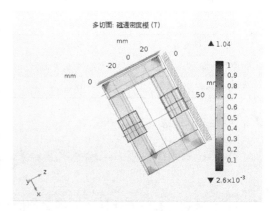

图 2-50　磁通密度模分布的仿真结果

表达式	单位	描述
mf.LCoil_1	H	线圈电感
mf.L_2_1	H	线圈 "2" 和 "1" 之间...

图 2-51　设置互感求解参数

线圈电感 (H)	线圈 "2" 和 "1" 之间的互感 (H)
0.0019014	-0.0015087

图 2-52　互感的仿真结果

第三节　线圈激励型电磁铁电磁吸力计算

一、问题引入

电磁铁在生活中的应用非常广泛，比如家中的固定电话、学校的电铃、电磁起重机，以及接触器、电磁继电器等。通常，线圈通电后，电磁铁产生电磁吸力，带动触点运动，进而实现相应的功能操作。该案例将围绕线圈激励型电磁铁电磁吸力的计算问题，通过解析、仿真、实验等方法，理解电磁铁工作原理，进一步熟悉电磁场的基本理论及其应用。

二、课堂案例与讨论

(一) 课堂案例

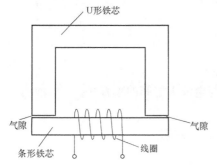

图 2-53　线圈激励型电磁铁的结构示意图

图 2-53 为线圈激励型电磁铁的结构示意图，通

电线圈缠绕在条形铁芯外，U 形铁芯与条形铁芯间有两处气隙，气隙长度相同，具体参数见表 2-4。试计算线圈通以多大电流 I 时，电磁铁产生的电磁吸力能够将 U 形铁芯或条形铁芯吸起。

表 2-4　　　　　　　　　　　　　线圈激励型电磁铁结构与物性参数

线圈匝数 N	100 匝	线圈导线直径	0.4mm
铁芯总长度 l_{Fe}	288mm	铁芯截面积 S_{Fe}	320mm^2
每处气隙长度 l_δ	0.52mm	气隙截面积 S_δ	320mm^2
空气磁导率 μ_0	$\mu_0 = 4\pi \times 10^{-7} H/m$	铁芯磁导率 μ_{Fe}	$\mu_{Fe} = 5000\mu_0$
U 形铁芯质量 m_1	486g	条形铁芯质量 m_2	260g

（二）课堂讨论

（1）尝试写出电磁吸力经验公式 $F = \left(\dfrac{B}{5000}\right)^2 \cdot S$ 的推导过程，注意各物理量的含义及单位。

（2）尝试利用有限元软件建立该案例的仿真模型，计算电磁吸力，对比解析、仿真结果，并分析误差产生的原因。

（3）实际测量线圈通流大小与电磁吸力之间的对应关系，对比仿真、实验结果，并分析误差产生的原因。

三、电磁吸力表达式与解析计算

（一）电磁吸力表达式

如图 2-53 所示，当线圈通一电流 I 时，主磁通流经 U 形铁芯、条形铁芯以及两处小气隙所构成的磁回路，气隙处产生电磁吸力 F，为了求解该案例，必须建立电磁吸力 F 与电流 I 之间的关系式。

电磁吸力的经验公式为

$$F = \left(\frac{B}{5000}\right)^2 \cdot S_{Fe} \qquad (2-30)$$

式中：F 为电磁吸力，kg；B 为气隙处的磁感应强度，G；S_{Fe} 为铁芯横截面积，cm^2。

根据磁路基本定理，可推出磁感应强度 B 与电流 I 之间的关系，即

$$B = \frac{N \cdot I}{(R_{mFe} + R_{m\delta}) \cdot S_{Fe}} \qquad (2-31)$$

其中，磁阻表达式为

$$R_m = \frac{l}{\mu \cdot S} \qquad (2-32)$$

式中：l 为磁路长度；μ 为磁导率；S 为磁通横截面积。

由式（2-30）、式（2-31）即可推出电磁吸力 F 与电流 I 之间的关系式。

（二）解析计算

根据磁阻表达式（2-32），可分别计算气隙磁阻、铁芯磁阻为

$$R_{m\delta} = \frac{2 l_\delta}{\mu_0 \cdot S_\delta} = 2.59 \times 10^6 (H^{-1})$$

$$R_{mFe} = \frac{l_{Fe}}{\mu_{Fe} \cdot S_{Fe}} = 1.43 \times 10^5 (\text{H}^{-1})$$

那么，铁芯表面磁感应强度大小为

$$B = \frac{N \cdot I}{(R_{mFe} + R_{m\delta}) \cdot S_{Fe}} = 0.1145 I (\text{T})$$

最终可获得电磁吸力 F 关于电流 I 的函数为

$$F = \left(\frac{B}{5000}\right)^2 \cdot S_{Fe} = 0.168\, I^2 (\text{kg})$$

由于是双气隙，于是总的电磁吸力为

$$F_Z = 2F = 0.336\, I^2 (\text{kg})$$

根据 U 形铁芯、条形铁芯的质量，可进一步求得：当 $I=1.203$A 时，$F_Z=0.486$kg，能够吸起 U 形铁芯；当 $I=0.880$A 时，$F_Z=0.260$kg，能够吸起条形铁芯。

四、仿真建模与计算

（一）仿真要素

首先根据线圈激励型电磁铁的结构参数，创建其在三维直角坐标系下的几何模型，如图 2-54 所示，然后选择物理场中的"Magnetic Fields"模块，完成物性、边界、激励等参数的输入，再对几何模型进行网格剖分，最后选择"Stationary Study"稳态求解器由软件自行完成模型的解算。具体建模方法详见附件 2-2。

（二）仿真结果

为了与实验结果进行对比，设定线圈电流为 1.752A。经计算可得，当线圈电流 $I=1.752$A 时，电磁吸力为 9.56N，并可得到磁通密度模分布的仿真结果如图 2-55 所示。

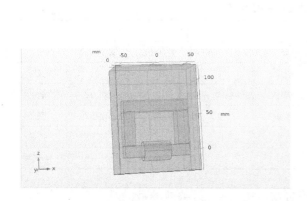

图 2-54 线圈激励型电磁铁基于有限元的三维几何模型

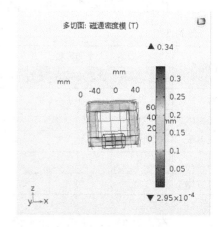

图 2-55 磁通密度模分布的仿真结果

为了与解析结果进行对比，可将解析表达式中的电流设定为 1.752A，可得电磁吸力解析结果近似为 1.03kg，可见仿真结果略小于解析结果，尝试分析产生这样结果的原因。

五、课堂实验

（一）实验目的

实际测量线圈通流大小与电磁吸力之间的对应关系，对比实验与理论计

电磁吸力计算-仿真录频

算结果，分析误差产生的原因。

（二）实验方法

将线圈激励型电磁铁的通电线圈与恒流源串联，通过改变恒流源输出电流大小实现对线圈施加不同电流 I。

（1）将条形铁芯放置在 U 形铁芯上方，用手压紧避免两个铁芯间存在多余的气隙，从零开始逐渐增大恒流源输出电流，轻轻提起条形铁芯，当 U 形铁芯通过电磁吸力恰好可以一起被提起时，记录此时电流 I_1。

（2）交换铁芯位置，将 U 形铁芯放置在条形铁芯上方，重复上述过程，轻轻提起 U 形铁芯，当条形铁芯通过电磁吸力恰好可以一起被提起时，记录此时电流 I_2。

（三）实验结果

经测试，当 $I=1.752A$ 时，$F_z=0.486kg$，能够吸起 U 形铁芯；当 $I=1.302A$ 时，$F_z=0.260kg$，能够吸起条形铁芯。与仿真结果相比，电流相同的情况下，实际测得的力小得多，尝试分析实验产生误差的原因。

电磁铁电磁吸力
测量－实验视频

附件 2－2

1. 创建几何模型

单击"空模型"，进入设置界面后，在模型开发器窗口，右击"根节点"，单击添加"三维"组件。

（1）模型开发器窗口中单击几何 1，设置窗口中选择长度单位，单击 mm。

（2）右击几何 1，选择图形形状，单击所选图形，设置中分别选择大小和形状、位置，按照表 2－5 修改相关参数。

表 2－5　　　　　　　　　　　几 何 模 型 结 构 参 数

图形形状	大小和形状			位置				备注
	宽度（mm）	深度（mm）	高度（mm）	基	x（mm）	y（mm）	z（mm）	
长方体 1	96	20	16	居中	0	0	0	铁芯
长方体 2	16	20	48	居中	40	0	32.52	铁芯
长方体 3	16	20	48	居中	−40	0	32.52	铁芯
长方体 4	96	20	16	居中	0	0	64.52	铁芯
长方体 5	120	50	150	居中	0	0	44.75	空气域

（3）右击几何 1，单击工作平面，在设置窗口按图 2－56 修改参数。

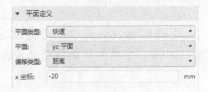

图 2－56　设置工作平面

（4）在模型开发器窗口中，下拉平面几何 1，右击圆，在设置窗口按图 2－57 修改参数。

图 2-57 设置平面几何 1

(5) 在模型开发器窗口中，右击平面几何 1，右击拉伸，在设置窗口按图 2-58 修改参数。

(6) 单击构建全部对象，如图 2-59 所示。

图 2-58 拉伸平面几何 1

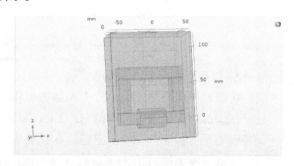

图 2-59 创建几何模型

2. 定义材料属性

(1) 模型开发器窗口中组件 1 下右击材料，单击从库中添加材料。

(2) 在添加材料窗口，选择内置材料，单击 Air，单击添加到组件。

(3) 在添加材料窗口，选择 AC/DC，单击 Soft Iron（without losses），单击添加到组件，如图 2-60 所示。

(4) 模型开发器窗口中单击 Soft Iron（without losses），设置窗口中，在几何实体选择中，单击 🔲，输入 2，单击确定；继续单击 🔲，输入 3，单击确定；继续单击 🔲，输入 4，单击确定；继续单击 🔲，输入 9，单击确定，如图 2-61 所示。

若出现图 2-62，则单击 Soft Iron（without losses），在设置窗口中，在材料属性明细中，按图 2-63 输入值。

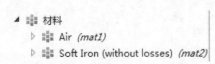

图2-60　添加"Air"与"Soft Iron"

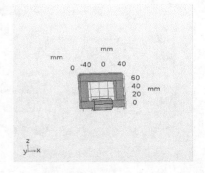

图2-61　定义材料为"Soft Iron"的几何实体

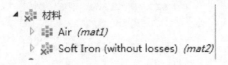

图2-62　材料库中无"Soft Iron"

属性	变量	值	单位	属性组
相对磁导率	mur_i...	5000	1	基本

图2-63　自定义"Soft Iron"属性

3. 选择物理场并设置边界条件

(1) 状态栏中选择物理场,双击添加物理场。

(2) 在添加物理场窗口,选择 AC/DC,单击磁场,单击添加到组件。

(3) 模型开发器窗口中单击磁场,在设置窗口按图2-64修改参数。

(4) 模型开发器窗口中右击磁场,单击 线圈,设置窗口中在域选择下单击,输入5,单击确定;继续单击,输入6,单击确定;继续单击,输入7,单击确定;继续单击,输入8,单击确定,如图2-65所示。

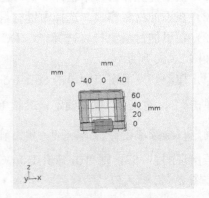

图2-64　设置线性矢量磁势

图2-65　定义线圈1

（5）模型开发器窗口中磁场下，单击线圈1，在设置窗口中按图2-66修改相关参数。

（6）模型开发器窗口中磁场下，下拉线圈1，下拉几何分析1，单击输入1，在设置窗口中在边界选择下单击▣，输入24，单击确定。

（7）模型开发器窗口中右击磁场，单击▣ 矢量磁势度规修复。

（8）模型开发器窗口中右击磁场，单击▣ 计算力，在设置窗口中在域选择下单击▣，输入3，单击确定；单击▣，输入4，单击确定；单击▣，输入9，单击确定，如图2-67所示。

图2-66　设置线圈1参数与激励源

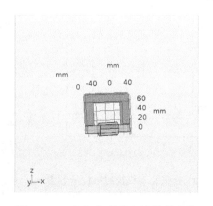

图2-67　定义电磁吸力计算的实体

4. 网格剖分

模型开发器窗口单击网格，设置窗口中单击全部构建。

5. 选择研究

（1）状态栏单击研究，双击添加研究，添加研究窗口中单击线圈几何分析，单击添加研究。

（2）模型开发器窗口右击研究1，选择研究步骤，选择稳态，单击稳态。

（3）状态栏单击研究，选择求解器，单击显示默认求解器。

（4）模型开发器窗口下拉求解器配置，下拉解1，下拉稳态求解器2，右击直接，单击启用。

6. 结果

（1）单击状态栏下主屏幕中的计算，计算完成后，下拉模型开发器窗口中的结果，单击磁通密度模，结果如图2-68所示。

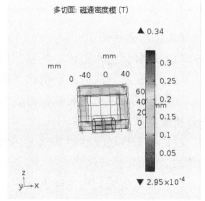

图2-68　磁通密度模分布的仿真结果

（2）下拉模型开发器窗口中的结果，右击派生值，单击全局计算。

设置窗口中，在表达式栏，单击 ＋▾ ，依次下拉模型、组件1、磁场、力学、电磁力，双击电磁力 z 分量。

电磁力 z 分量 (N)
-9.5562

图 2-69　电磁吸力的仿真结果

单击设置窗口中计算，计算结果如图 2-69 所示。

第四节　永磁驱动机构永磁力计算

一、问题引入

永磁体具有宽磁滞回线、高矫顽力、高剩磁等特点，一经磁化即能保持恒定的磁性。永磁体应用广泛，包括扬声器、音响喇叭、收音机、皮包扣、数据线磁环、电脑硬盘，以及核磁共振装置、磁悬浮系统、永磁仪表、微特电机等。该案例将从简单的永磁驱动机构的永磁力计算入手，通过解析、仿真、实验等方法，理解永磁体基本特性，进一步熟悉电磁场的基本理论及其应用。

二、课堂案例与讨论

（一）课堂案例

图 2-70 为永磁驱动机构的结构示意图，U形铁芯与条形铁芯间有两处气隙，气隙长度相同，永磁体放置于左侧气隙处，具体结构与物性参数见表 2-6。试计算气隙处永磁驱动机构产生的永磁力大小。

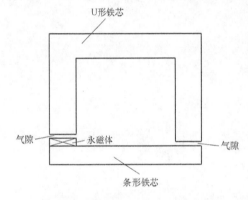

图 2-70　永磁驱动机构的结构示意图

表 2-6　　　　　　　　　　　永磁驱动机构的具体结构与物性参数

铁芯总长度 l_{Fe}	288mm	铁芯截面积 S_{Fe}	221mm²
每处气隙长度 l_{δ}	0.35mm	气隙截面积 S_{δ}	221mm²
永磁体厚度 l_m	5mm	永磁体截面积 S_m	221mm²
空气磁导率 μ_0	$\mu_0 = 4\pi \times 10^{-7}$ H/m	铁芯磁导率 μ_{Fe}	$\mu_{Fe} = 5000\mu_0$
永磁体矫顽力 H_c	800kA/m		

（二）课堂讨论

（1）解释何为永磁体，绘制永磁体的基本磁化曲线，并简述它与软磁体的区别。

（2）尝试推导永磁驱动机构永磁力的计算式，并分析永磁力与哪些参数有关。

（3）尝试利用有限元软件建立该案例的仿真模型，计算永磁力，对比解析、仿真结果，并分析误差产生的原因。

（4）在上述仿真模型基础上，尝试对比左、右两气隙处的永磁力大小，并分析产生如此现象的主要原因。

（5）对比实验与理论计算结果，分析误差产生的原因。

三、永磁力表达式与解析计算

（一）永磁力表达式

同样地，永磁力经验公式为

$$F = \left(\frac{B_\delta}{5000}\right)^2 \cdot S_{Fe} \tag{2-33}$$

为了计算永磁力 F，必须先获得气隙处的磁感应强度 B_δ。

与"线圈激励型电磁铁电磁吸力计算"案例不同的是，永磁驱动机构的磁动势由永磁体提供，即

$$F_m = H_c l_m \tag{2-34}$$

式中：H_c 为永磁体矫顽力，A/m；l_m 为永磁体厚度；F_m 为磁动势，A。

根据磁路的基尔霍夫第二定律，可得

$$H_c l_m = H_\delta (l_\delta + l_m) + H_{Fe} l_{Fe} \tag{2-35}$$

又有

$$B_\delta = \mu_0 H_\delta \tag{2-36}$$

$$B_{Fe} = \mu_{Fe} H_{Fe} \tag{2-37}$$

由于 $\mu_{Fe} = 5000 \mu_0$，故铁芯上的磁压降可以忽略不计，式（2-35）可简化为

$$H_c l_m = H_\delta (l_\delta + l_m) \tag{2-38}$$

联立式（2-36）、式（2-38）可得

$$B_\delta = \frac{H_c l_m \mu_0}{l_\delta + l_m} \tag{2-39}$$

由式（2-33）、式（2-39）即可推出永磁力 F 的表达式。

想一想：式（2-35）中，永磁体厚度 l_m 为什么在等式左右两边各记一次？尝试解释这两项的物理含义。

（二）解析计算

根据表 2-6 提供的参数，可计算气隙处磁感应强度为

$$B_\delta = \frac{H_c l_m \mu_0}{l_\delta + l_m} = 0.88(T)$$

每处气隙的永磁力为

$$F = \left(\frac{B_\delta}{5000}\right)^2 \cdot S_{Fe} = 6.85(kg)$$

于是，永磁驱动机构总的永磁力应为

$$F_Z = 2F = 13.7(kg)$$

四、仿真建模与计算

（一）仿真要素

首先根据永磁驱动结构的结构参数，创建其在三维直角坐标系下的几何模型，如图 2-71 所示，然后选择物理场中的"Magnetic Fields"模块，完成物性、边界、激励等参数的输入，再对几何模型进行网格剖分，最后选择"Stationary Study"稳态求解器由软件自行完成模型的解算。具体建模方法详见附件 2-3。

（二）仿真结果

经计算可获得永磁力为 110.36N，并可得到磁通密度模的分布如图 2-72 所示。显然，

仿真计算结果小于解析计算结果，尝试分析产生结果误差的原因。

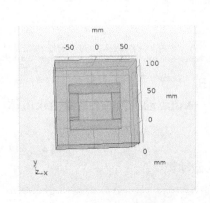
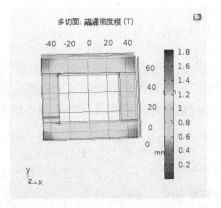

图2-71　永磁驱动机构基于　　　图2-72　磁通密度模分布的仿真结果　　　永磁力计算-
　　　有限元的三维几何模型　　　　　　　　　　　　　　　　　　　　　　仿真录频

五、课堂实验

（一）实验目的

实际测量永磁驱动机构永磁力的大小，对比实验与理论计算结果，分析误差产生的原因。

（二）实验方法

如图2-73所示，将永磁驱动机构水平放置在桌面上，微调使铁芯截面与永磁体截面对齐，将U形铁芯固定，将绳子一端套在条形铁芯靠近永磁体一侧，另一端套在拉力计上，然后通过拉力计水平地、缓慢地拉动条形铁芯，记录条形铁芯脱离U形铁芯那一刻的最大拉力值F。

（三）实验结果

经测试，当$F=5.7$kg时，条形铁芯被拉动，脱离U形铁芯，与理论计算结果进行对比发现，实测永磁力小得多，尝试分析产生这样结果的原因。

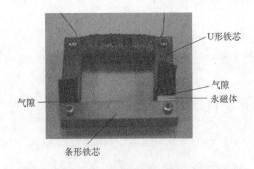

图2-73　永磁驱动机构实物图　　　　　　永磁力测量-实验视频

六、双稳态永磁驱动机构

图2-74为双稳态永磁驱动机构的结构示意图，主要由分闸线圈、合闸线圈、永磁体、动静铁芯以及驱动杆构成，双稳态永磁驱动机构主要用于快速开关的分、合闸及分合闸状态的保持。尝试分析双稳态永磁驱动机构的工作原理，并利用有限元软件建立该机构的仿真模

型，进行模型解算与结果分析。双稳态永磁驱动机构的主要参数以及具体建模方法详见附件 2-4。

通过分析、建模与计算，回答以下几个问题：当线圈不通电时，双稳态永磁驱动机构的力如何产生？如何作用？当动铁芯向下运动时，哪个线圈通流？通流方向如何？当动铁芯向上运动时，哪个线圈通流？通流方向如何？

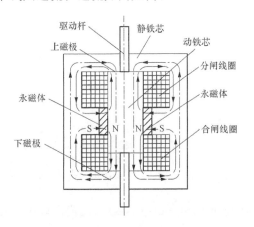

图 2-74 双稳态永磁驱动机构的
结构示意图

双稳态永磁驱动
机构-仿真录频

附件 2-3

1. 创建几何模型

单击"空模型"，进入设置界面后，在模型开发器窗口，右击"根节点"，单击添加"三维"组件。

（1）模型开发器窗口中单击几何 1，设置窗口中选择长度单位，单击 mm。

（2）右击几何 1，选择图形形状，单击所选图形，设置中分别选择大小和形状、位置，按照表 2-7 修改相关参数。

表 2-7   几 何 模 型 结 构 参 数

图形形状	大小和形状			位置				备注
	宽度（mm）	深度（mm）	高度（mm）	基	x（mm）	y（mm）	z（mm）	
矩形 1	97	17	13.02	居中	0	0	0	动铁芯
矩形 2	17	5	13.02	角	−48.5	8.5	−6.51	永磁铁
矩形 3	17	48.5	13.02	角	31.5	8.85	−6.51	静铁芯
矩形 4	17	43.5	13.02	角	−48.5	13.85	−6.51	静铁芯
矩形 5	97	17	13.02	居中	0	65.85	0	静铁芯
矩形 6	150	150	100	居中	0	35	0	空气域

（3）单击构建全部对象，如图 2-75 所示。

2. 定义材料属性

（1）模型开发器窗口中组件 1 下右击材料，单击从库中添加材料。

（2）在添加材料窗口，选择内置材料，单击 Air，单击添加到组件。

（3）在添加材料窗口，选择 AC/DC，单击 Soft Iron（without losses），单击添加到组件。

添加"Air"与"Soft Iron"如图 2-76 所示。

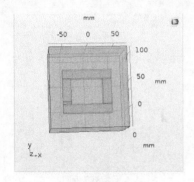

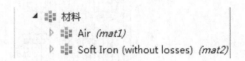

图 2-75　创建几何模型　　　　　　图 2-76　添加"Air"与"Soft Iron"

（4）模型开发器窗口中单击 Soft Iron（without losses），设置窗口中，在几何实体选择中，单击 ⬚，输入 2，单击确定；继续单击 ⬚，输入 4，单击确定；继续单击 ⬚，输入 5，单击确定；继续单击 ⬚，输入 6，单击确定，如图 2-77 所示。

（5）若出现图 2-78，则单击 Soft Iron（without losses），在设置窗口中，在材料属性明细中，按图 2-79 输入值。

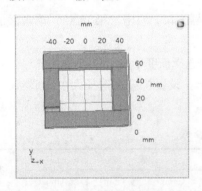

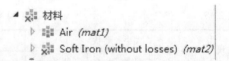

图 2-77　定义材料为　　　　　　　图 2-78　材料库中无"Soft Iron"
"Soft Iron"的几何实体

属性	变量	值	单位	属性组
相对磁导率	mur_i...	5000	1	基本

图 2-79　自定义"Soft Iron"属性

3. 选择物理场并设置边界条件

（1）状态栏中选择物理场，双击添加物理场。

（2）在添加物理场窗口中，选择 AC/DC，单击磁场，无电流，单击添加到组件。

（3）在模型开发器窗口中，右击磁场，无电流，单击  磁通量守恒，设置窗口中在域选择下单击 📋，输入 3，单击确定。

（4）在模型开发器窗口中磁场，无电流，单击磁通量守恒 2，在设置窗口中按图 2-80 修改相关参数。

（5）模型开发器窗口中右击磁场，无电流，单击 📋 计算力，在设置窗口中在域选择下单击 📋，输入 2，单击确定；单击 📋，输入 3，单击确定，如图 2-81 所示。

图 2-80　设置永磁体相关参数

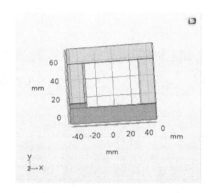

图 2-81　定义永磁力计算的实体

（6）模型开发器窗口中磁场，无电流下，单击计算力 1，在设置窗口中按图 2-82 修改相关参数。

4. 网格剖分

模型开发器窗口单击网格，设置窗口中单击全部构建。

5. 选择研究

状态栏单击研究，双击添加研究，添加研究窗口中单击稳态，单击添加研究。

6. 结果

（1）单击状态栏下主屏幕中的计算，计算完成后，下拉模型开发器窗口中的结果，单击磁通密度模，结果如图 2-83 所示。

图 2-82　设置计算力 1 的
相关计算参数

（2）下拉模型开发器窗口中的结果，右击派生值，单击全局计算。

（3）设置窗口中，在表达式栏，单击 ➕▾ ，依次下拉模型、组件 1、磁场、无电流、力学、电磁力，双击电磁力 y 分量。

（4）单击设置窗口中计算，计算结果如图 2-84 所示。

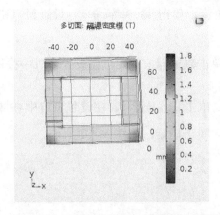

图 2-83　磁通密度模分布的仿真结果　　　　　图 2-84　永磁力的仿真结果

附件 2-4

1. 创建几何模型

模型几何参数见表 2-8。

表 2-8　　　　　　　　　　　　几 何 模 型 结 构 参 数

A	7 [mm]	0.007m	动铁芯内径（小）
B	27 [mm]	0.027m	动铁芯内径（大）
C	45 [mm]	0.045m	动铁芯高度（小）
D	145 [mm]	0.145m	动铁芯高度（大）
Move1	−4 [mm]	−0.004m	永磁体移动距离
E	50 [mm]	0.05m	静铁芯外径
F	98 [mm]	0.098m	静铁芯高度
W1	B + 1 [mm]	0.028m	运动区域外径
H1	C + 10 [mm]	0.055m	运动区域高度
W2	13 [mm]	0.013m	线圈径向长度
H2	26 [mm]	0.026m	线圈高度
N0	250	250	线圈匝数
I0	20 [A]	20A	线圈通流
Br0	1 [T]	1T	永磁体剩磁

2. 定义材料属性

在创建的几何模型中，选择相应的几何实体，并分别定义为"Air""Copper""45♯"，如图 2-85 所示，相关物性参数的设置可参考本章的前述内容。

3. 选择物理场并设置边界条件

在电磁场中，对动铁芯进行追踪，对永磁铁赋予径向剩磁 Br，线圈赋予多匝线圈的边界条件，具体见该模型实例。

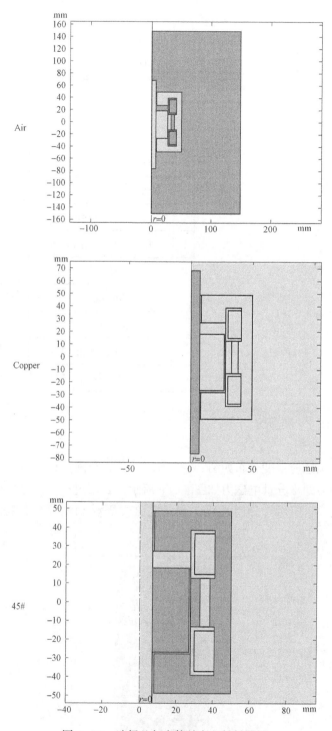

图 2-85   选择几何实体并定义材料属性

实例如下：

Equations

$$\nabla \times \mathbf{H} = \mathbf{J}$$
$$\mathbf{B} = \nabla \times \mathbf{A}$$
$$\mathbf{J} = \sigma \mathbf{E} + \sigma \mathbf{v} \times \mathbf{B} + \mathbf{J}_e$$
$$\mathbf{E} = -\frac{\partial \mathbf{A}}{\partial t}$$

Features

Ampère's Law 1
Axial Symmetry 1
Magnetic Insulation 1
Initial Values 1
永磁体
Coil up
Coil down
Force Calculation 1
铁芯

4. 网格剖分

有限元剖分如图 2 - 86 所示。

5. 结果

分、合闸状态磁感应强度分布如图 2 - 87 所示。分、合闸过程受力分布如图 2 - 88 所示。分、合闸状态保持力即 z 分量电磁力如图 2 - 89 所示。合闸过程 z 分量电磁力随移动距离变化特性曲线如图 2 - 90 所示。分闸过程 z 分量电磁力随移动距离变化特性曲线如图 2 - 91 所示。

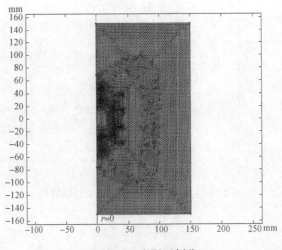

图 2 - 86 有限元剖分

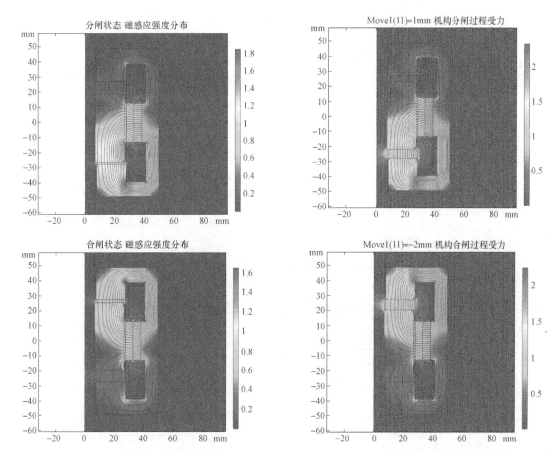

图 2-87　分、合闸状态磁感应强度分布图　　　　图 2-88　分、合闸过程受力分布图

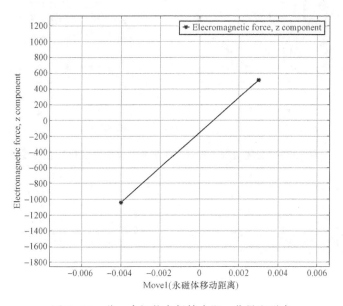

图 2-89　分、合闸状态保持力即 z 分量电磁力

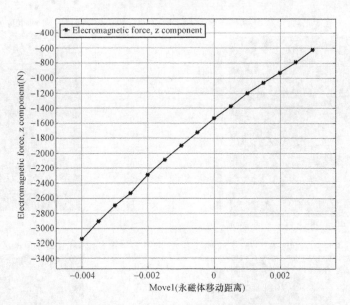

图 2-90 合闸过程 z 分量电磁力随移动距离变化特性曲线

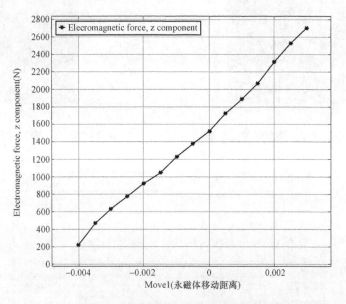

图 2-91 分闸过程 z 分量电磁力随移动距离变化特性曲线

第三章 电路专题

第一节 一阶、二阶电路计算

一、问题引入

为了模拟实际直流系统的短路电流，通常采用 RLC 二阶电路等效方案，通过电容、电阻、电感的设计，获得与实际短路电流峰值、峰值时间以及初始上升率近似的曲线。该案例将通过解析、仿真、实验等方法，计算并实测一阶、二阶电路中的电压、电流波形，使读者逐步建立电路的反向设计思维意识，掌握电路设计的基本方法。

二、课堂案例与讨论

（一）课堂案例

图 3-1 是该案例的实验电路，其拓扑如图 3-2 所示，已知：电容 $C = 100\mu F$，预充电压 U_{C0}，$R = 50\Omega$，$L = 56\mu H$。计算：$U_{C0} = 100V$，依次闭合 K0、K1，电容电压及回路电流；$U_{C0} = 20V$，依次闭合 K0、K2，电容电压及回路电流。

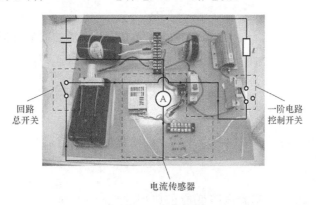

图 3-1　实验电路

（二）课堂讨论

（1）观察一阶、二阶电路解析计算结果与实验测量结果间的差别，尝试分析误差产生的原因。

（2）如何准确辨识实际电路中的电阻、电感等参数。

（3）总结一阶 RC 电路电压、电流波形的特征值，并尝试分析特征值与已知电路参数间的关系。

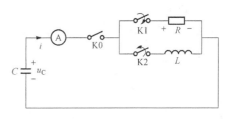

图 3-2　实验电路拓扑

（4）总结二阶 LC 电路电压、电流波形的特征值，并尝试分析特征值与已知电路参数间的关系。

（5）总结二阶 RLC 电路电压、电流波形的特征值，并尝试分析特征值与已知电路参数间的关系。

三、数学模型与解析计算

（一）一阶电路

一阶 RC 电路拓扑如图 3-3 所示。

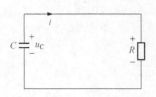

1. 数学模型

依次闭合 K0、K1 后，实验电路变成了典型的一阶 RC 电路，电压、电流参考方向如图 3-3 所示，根据 KVL，可列写回路方程为

$$u_{\mathrm{C}} = iR \tag{3-1}$$

图 3-3　一阶 RC 电路拓扑

其中

$$i = -C \frac{\mathrm{d}u_{\mathrm{C}}}{\mathrm{d}t} \tag{3-2}$$

初始条件为

$$u_{\mathrm{C}}(0_-) = U_{\mathrm{C0}}, i(0_-) = 0$$

2. 解析计算

由三要素法可直接求得电压、电流表达式，即

$$u_{\mathrm{C}} = U_{\mathrm{C0}}\, \mathrm{e}^{-\frac{t}{\tau}} \tag{3-3}$$

$$i = \frac{U_{\mathrm{C0}}}{R}\, \mathrm{e}^{-\frac{t}{\tau}} \tag{3-4}$$

其中，τ 为时间常数，$\tau = RC$，由已知参数可计算电压、电流曲线的特征值，即

$$\tau = RC = 5\mathrm{ms}$$

$$i_{\mathrm{Cmax}} = \frac{U_{\mathrm{C0}}}{R} = 2\mathrm{A}$$

$$u_{\mathrm{Cmax}} = U_{\mathrm{C0}} = 100\mathrm{V}$$

画一画：根据特征值绘制出电压、电流波形。

（二）二阶电路

1. 数学模型

依次闭合 K0、K2 后，实验电路变成了典型的二阶 LC 电路，电压、电流参考方向如图 3-4 所示，根据 KVL，可列写回路方程为

$$u_{\mathrm{L}} = u_{\mathrm{C}} \tag{3-5}$$

其中

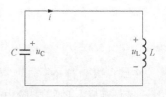

图 3-4　二阶电路拓扑

$$i = -C \frac{\mathrm{d}u_{\mathrm{C}}}{\mathrm{d}t} \tag{3-6}$$

$$u_{\mathrm{L}} = L \frac{\mathrm{d}i}{\mathrm{d}t} \tag{3-7}$$

初始条件为

$$u_{\mathrm{C}}(0_-) = U_{\mathrm{C0}}, i(0_-) = 0$$

2. 解析计算

通过计算可得电容电压以及回路电流的表达式，即

$$u_{\mathrm{C}} = U_{\mathrm{C0}} \cos\omega t \tag{3-8}$$

$$i = I_{max}\sin\omega t \tag{3-9}$$

其中

$$I_{max} = U_{C0}\sqrt{\frac{C}{L}}$$

$$\omega = \sqrt{\frac{1}{CL}}$$

想一想：如果 LC 二阶电路中考虑了电阻 R，那么电容电压 u_C、回路电流 i 的表达式有何变化呢？

四、仿真建模与计算

（一）一阶电路

现建立一阶 RC 电路的仿真模型，如图 3-5 所示。

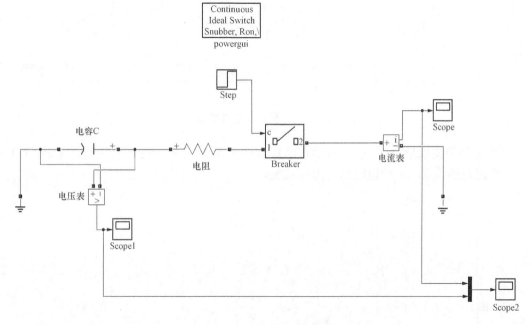

图 3-5　一阶 RC 电路仿真模型

仿真波形如图 3-6 所示，电流在 0 时刻阶跃至峰值 2A，时间常数约为 5ms。

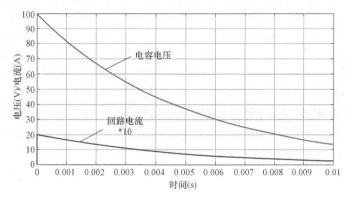

图 3-6　一阶 RC 电路仿真波形

（二）二阶电路

二阶电路的仿真模型如图 3-7 所示，具体建模方法详见附件 3-1。

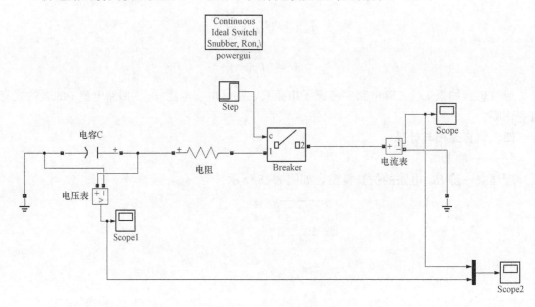

图 3-7　二阶电路仿真模型

二阶电路仿真波形如图 3-8 所示，电压、电流均为无衰减的正弦波形，电压幅值为 20V，电流幅值为 25A，峰值时间约为 0.12ms。

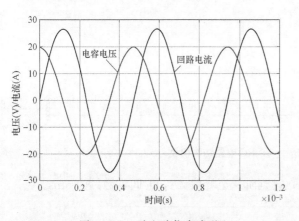

图 3-8　二阶电路仿真波形

二阶电路-仿真录频

五、课堂实验

（一）实验目的

构建一阶、二阶实验电路，完成电压、电流的测量，通过实验与理论计算结果的对比分析，理解电阻、电感等参数的物理意义，熟悉电阻、电感等参数的辨识方法。

（二）实验方法

按照图 3-1 的要求，构建实验电路，熟悉元器件，根据电压、电流的预期波形，调整示波器。利用霍尔电流传感器进行电流测量。

一阶 RC 电路 - 实验视频

二阶电路 - 实验视频

（三）实验结果

一阶 RC 电路、二阶电路实验波形分别如图 3-9 和图 3-10 所示。

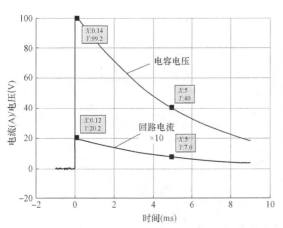

图 3-9　一阶 RC 电路实验波形

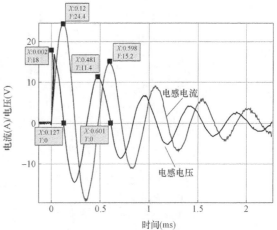

图 3-10　二阶电路实验波形

附件 3-1

二阶电路仿真模型如图 3-11 所示。

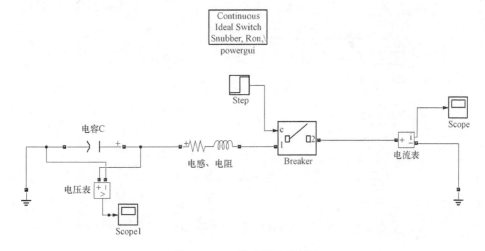

图 3-11　二阶电路仿真模型

1. 选择器件

该模型需要使用的元件有接地端、电容、电感、电阻、开关、电压测量元件、电流测量元件、示波器、算法处理器。

其中，接地端可在 Library 根目录中的 Simscape/Simpowersystems/Specialized Technology/Elements 中找到（也可直接在左上角搜索栏中输入 Ground 进行寻找），将其拖入界面即可，如图 3-12 所示。

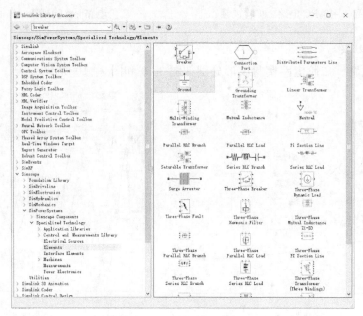

图 3-12　添加接地端

其中，电容、电感、电阻元件可在 Library 根目录中的 Simscape/Simpowersystems/Specialized Technology/Elements 中找到 Series RLC Branch（也可直接在左上角搜索栏中输入 RLC 进行寻找），将其拖至界面，如图 3-13 所示。

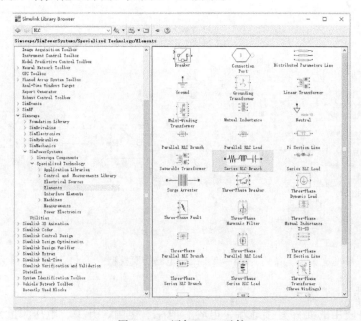

图 3-13　添加 RLC 元件

双击该模块可设置参数与器件类型，如图 3-14 所示，通过 Branch type，可将该模块设置为 C、R、L、LC、RC、RL、RLC，复制该模块，一个设置为 C，一个设置为 RL（为了检测电容两端电压），此外，还可设置所选器件的数值大小，以及电容或电感的初始电压或电流。

图 3-14 设置 RLC 元件参数

其中，开关元件可在 Library 根目录中的 Simscape/Simpowersystems/Specialized Technology/Elements 中找到 Breaker（也可直接在左上角搜索栏中输入"breaker"进行寻找），将其拖至界面，如图 3-15 所示。

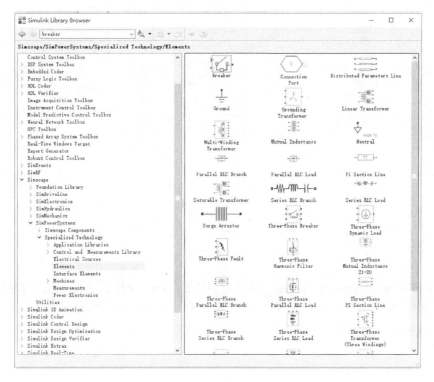

图 3-15 添加开关元件

双击该模块，勾中 External，引入外部逻辑波形对其进行控制，并在 Initial status 中输入 "0"，使其初始状态为分闸，如图 3-16 所示。

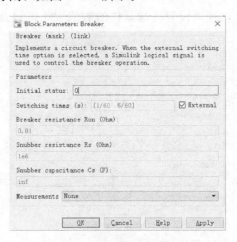

图 3-16　设置开关元件参数

其中，电压表、电流表可在 Library 根目录中的 Simscape/Simpowersystems/Specialized Technology/Measurements 中找到 Current Measurement、Voltage Measurement（也可直接在左上角搜索栏中输入 "measurements" 进行寻找），将其拖至界面，如图 3-17 所示。

图 3-17　添加电压表与电流表

其中，逻辑触发波形可在 Library 根目录中的 Sources 中找到 Step（也可直接在左上角搜索栏中输入 "step" 进行寻找），将其拖至界面中，如图 3-18 所示。

双击该模块，可设置阶跃时间（Step time），阶跃前的初始值（Initial value）和阶跃后的保持值（Final value），将主电路的阶跃时间设为 0，初始值设为 0，终值设为 1，以实现 0 时刻主开关的导通，如图 3-19 所示。

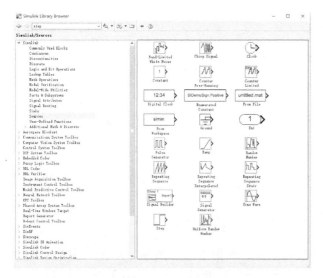

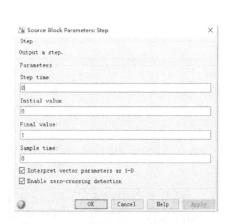

图 3-18　添加逻辑触发波形　　　　　　　　　　图 3-19　设置触发波形参数

　　在左上角中输入"mux"，将其拖至界面中，如图 3-20 所示，并将此前示波器中多条线路接至 Mux，这样就可以在同一示波器中显示多条波形，如图 3-21 所示。

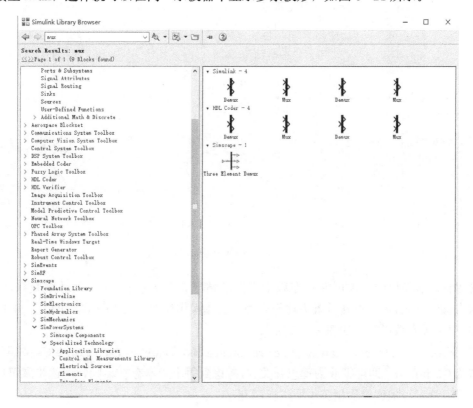

图 3-20　添加 Mux

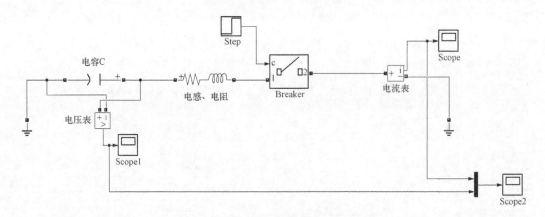

图 3-21 电压表电流表测量线路连接至 Mux

在左上角中输入"powergui",并拖至界面中,如图 3-22 所示,双击该模块,选中 Configure parameters,将其设置为如图 3-23 所示形式,此举主要是将开关设置为理想开关(即忽略开关自身的电阻)。

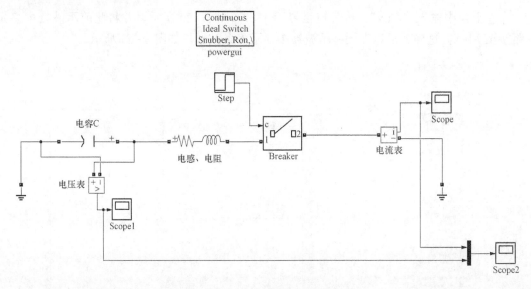

图 3-22 添加 Powergui

考虑到读者使用的软件可能存在版本不同的情况,若无法在 Powergui 中找到此选型,则可双击选中 Breaker,将其设置为理想开关,具体操作如图 3-24 所示。可单击 Help 查看 Breaker 中相关参数说明,如图 3-25 所示。

将 Breaker resistance,Ron Snubber resistance Rs,Snubber capacitance Cs 按照要求依次设置为 0、inf、0,即可等效为理想开关。(考虑到每个版本存在不同,上述步骤可能无法完全对应,读者可根据模块相关说明进行匹配)

2. 连线

在完成上述过程之后,根据案例要求,单击鼠标左键拖动,将相关元器件用引线连接起来,在已连接好的引线上单击鼠标右键并拖动,可在此基础再引出一条引线与其他支路相

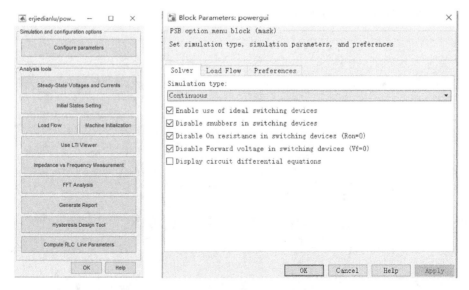

图 3-23　设置理想开关参数

图 3-24　选中 Breaker 设置理想开关参数

Breaker resistance Ron

The internal breaker resistance, in ohms (Ω). The **Breaker resistance Ron** parameter cannot be set to 0.

Snubber resistance Rs

The snubber resistance, in ohms (Ω). Set the **Snubber resistance Rs** parameter to inf to eliminate the snubber from the model.

Snubber capacitance Cs

The snubber capacitance, in farads (F). Set the **Snubber capacitance Cs** parameter to 0 to eliminate the snubber, or to inf to get a resistive snubber.

图 3-25　Breaker 参数说明

连接。

3. 运行

电路搭建好后，单击菜单栏中的 Configuration Parameters，在 stop time 中设置计算仿真时间，在 Solver 中选择算法，此处建议选择 Ode23tb，在 Max Type 中设置最大时间步长以提高仿真精度，如图 3-26 所示。

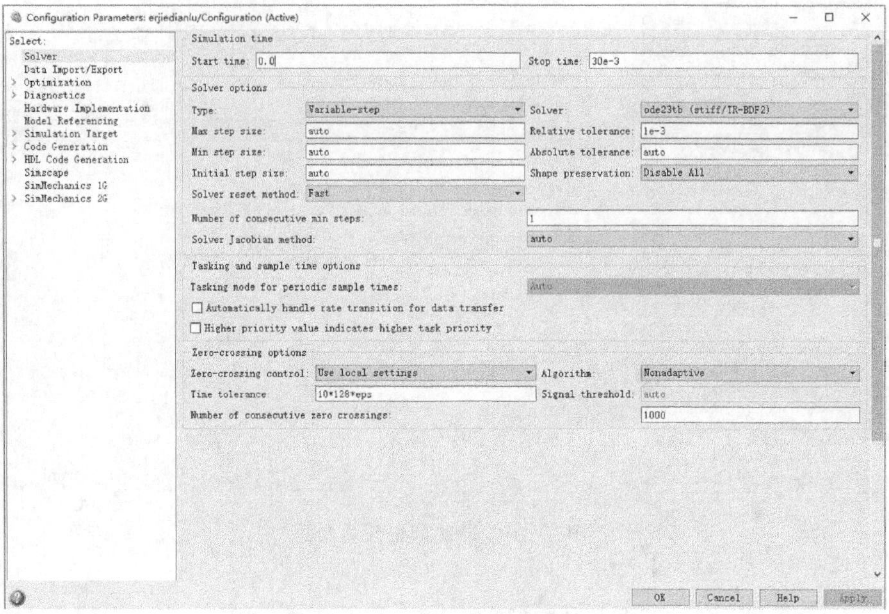

图 3-26　设置求解参数

单击菜单栏上方的运行按钮，然后双击各示波器模块，即可得到相应波形。

4. 结果

双击操作界面中的 Scope，选择 History，取消勾选 Limit data to last 即可获得完整时间状况下的波形，如图 3-27 所示。

选择 Style，在 Axes colors 的第一个颜色选项中更改示波器波形背景颜色（建议为白色），第二个颜色选型中更改坐标轴颜色（建议为黑色），在 Properties for line 中选择更改需要的波形样式（下方的选项为线形、线宽、线的颜色，这里设置曲线 1 为蓝色，曲线 2 为粉色），如图 3-28 所示。

图 3-27　选择 History 设置波形参数

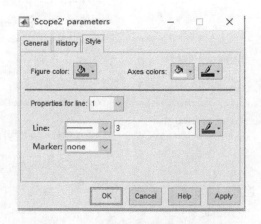

图 3-28　选择 Style 设置波形参数

图 3-29 为电容 120mF 预充电压 1200V，电感 10mH，电阻 1.8Ω 过阻尼电路情况下的

仿真结果，仿真时间设置为 0.5s，蓝线为电容电压波形，粉线为回路电流波形，纵坐标轴从 0 开始每一格跨度为 200V/200A，横坐标轴从 0 开始每一格跨度为 0.05s。

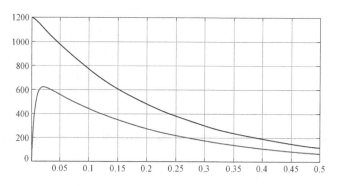

图 3-29　过阻尼电路情况下的仿真结果

图 3-30 为电容 120mF 预充电压 1200V，电感 10mH，电阻 1.8mΩ 的欠阻尼电路情况下的仿真结果，仿真时间设置为 0.5s，蓝线为电容电压波形，粉线为回路电流波形，纵坐标轴从 -5000 开始每一格跨度为 1000V/1000A，横坐标轴从 0 开始每一格跨度为 0.05s。

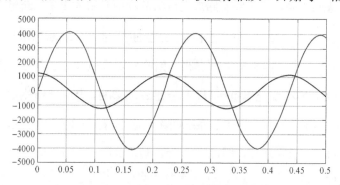

图 3-30　欠阻尼电路情况下的仿真结果

第二节　关 断 电 路 计 算

一、问题引入

直流系统中的故障电流不存在自然过零点，因此通常采用制造人工过零点实现故障电流的分断。在混合型断路器方案中，制造人工过零点由关断电路完成，该案例将通过关断电路的建模、解析、仿真等，使读者理解关断电路及混合型断路器的工作原理，掌握关断电路反向设计的基本方法。

二、课堂案例与讨论

（一）课堂案例

如图 3-31 所示，混合型断路器串联在系统回路中，额定通流时，K1 闭合，当发生短路故障时，K1 迅速断开，K2 闭合，电容 C 开始放电，该放电电流将强迫短路电流换流至 K2 所在支路，并最终将短路电流分断，电容 C 所在支路即为关断电路。已知：系统电压 E 为 1000V，系统回路电感 L_0 为 50μH，电阻 R_0 为 1Ω，关断电路电容 C 为 3mF，预先充电

200V，电感 L 为 $1\mu H$。尝试：建立混合型断路器整个关断过程的数学模型，计算系统回路电流、开关 K1 两端电压等变量。

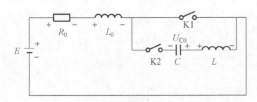

图 3-31　混合型断路器所在系统电路拓扑

（二）课堂讨论

（1）尝试分析电容 C 电压过零点时间和峰值电流时间的关系。

（2）尝试完成关断电路的反向设计。

要求：K1 完全断开时，系统回路电流上升率 di/dt 小于 $200A/\mu s$；关断支路电容 C 预充电压小于 1000V；开关 K1 两端过电压小于 2500V；系统回路电流过零关断后，电容 C 所储存能量 $E_c = \dfrac{1}{2}CU^2$ 最小。

完成：

（1）额定关断时，设计关断回路中的电容、电感 C、L 等参数，使电流在额定值关断。

（2）短路故障关断时，主回路电阻仅为 $10m\Omega$，当短路电流上升至 6000A 时，开关 K2 动作，设计关断回路中的电容、电感 C、L 等参数，设计要点包括：①若主回路电流能从原 K1 所在支路全部转移至关断支路，则关断支路放电电流的峰值必须大于主回路电流才能完成强迫换流，即 $i_{2max} = U_{C0}\sqrt{\dfrac{L}{C}} > 1000A$；②要求 K1 完全断开时，系统回路电流上升率 di/dt 小于 $200A/\mu s$，由于此时电流完全换流至关断支路，因此只需在开关 K2 刚开始动作时，电流上升率小于 $200A/\mu s$ 即可，di/dt 受充电电压 U_{C0} 和电感 L 的影响，故 $\dfrac{U_{C0}}{L} = \dfrac{di}{dt} < 200A/\mu s$；③要求开关 K1 两端过电压小于 2500V，由于当系统回路电流下降至 0 时，电容 C 两端所加电压等于电源 E 与回路电感 L_0 上压降之和，因此 $|u_C| = \left| (L_0 + L)\dfrac{di}{dt} - E \right| < 2500V$。

三、数学模型

为了建立混合型断路器整个关断过程的数学模型，现按照开关的动作顺序分阶段对相应电路分别建立数学模型。除电源电压 E、电容 C 为非关联参考方向外，其余元件均为关联参考方向。

（一）第一阶段

第一阶段指零时刻，K1 闭合、K2 处于断开状态，此时主回路导通，该阶段的等效电路拓扑如图 3-32 所示。

系统回路即为简单的一阶电路，设主回路电流为 i，可列写回路方程为

$$E = iR_0 + L_0 \frac{di}{dt} \qquad (3-10)$$

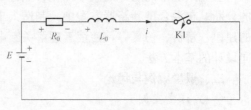

初始条件为

$$i(0_-) = 0A$$

由此可得电流峰值为

$$i_{max} = \frac{E}{R_0} \qquad (3-11)$$

图 3-32　K1 闭合、K2 断开阶段的等效电路拓扑

（二）第二阶段

第二阶段指断开 K1、闭合 K2，此时电容 C 中的预充电压开始放电，将流经 K1 的电流换流至关断支路，此阶段称为强迫换流阶段，其对应的等效电路拓扑如图 3-33 所示。

设流经 K1 的电流为 i_1，流经 K2 的电流为 i_2，电容 C 预充电压为 U_{C0}，可列写电路方程为

$$i = i_1 + i_2 \quad (3-12)$$

$$-U_{C0} + L\frac{di_2}{dt} = 0 \quad (3-13)$$

$$E = iR_0 + L_0\frac{di}{dt} \quad (3-14)$$

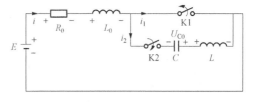

图 3-33　强迫换流阶段中的电路拓扑

初始条件为

$$i(0_-) = i_1(0_-) = \frac{E}{R_0}, i_2(0_-) = 0$$

（三）第三阶段

第三阶段指电流 i_1 全部换流至关断支路后，K1 所在支路完全断开，关断支路和主回路合并为一条通路，其等效电路拓扑如图 3-34 所示，电容 C 将继续放电，直至电容电压为 0。之后，系统电源为电容反向充电，直到系统回路电流降为零。试画出这个阶段系统回路电流随时间的变化情况。

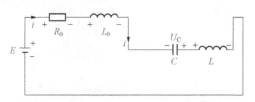

图 3-34　第三阶段的等效电路拓扑

由图 3-34 可列写回路方程为

$$E = iR_0 + (L_0+L)\frac{di}{dt} - u_C \quad (3-15)$$

$$i = -C\frac{du_C}{dt} \quad (3-16)$$

初始条件为

$i(0_-) = $ 强迫换流结束时刻的主电流值

$u_C(0_-) = $ 强迫换流结束时刻的电容电压值

四、仿真建模与计算

依据该案例的已知条件，搭建关断电路仿真模型如图 3-35 所示，仿真结果如图 3-36 所示。具体建模方法详见附件 3-2。

附件 3-2

关断电路仿真模型如图 3-35 所示，主回路中串联一个二极管，其作用是当电流过零关断时即截止电路，仿真搭建中也可将开关 K1、K2 替换成晶闸管，则此二极管便无须添加。

1. 选择器件

该模型需要使用的元件有接地端、电容、电感、电阻、开关、二极管、电压测量元件、电流测量元件、示波器、算法处理器。

其中，接地端可在 Library 根目录中的 Simscape/Simpowersystems/Specialized Technology/Elements 中找到（也可直接在左上角搜索栏中输入 Ground 进行寻找），将其拖入界面即可，如图 3-37 所示。

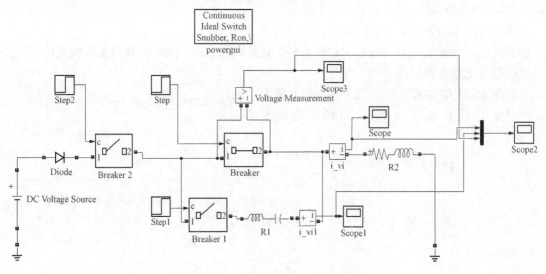

图 3-35 关断电路仿真模型

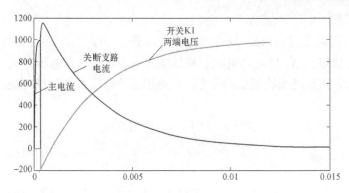

图 3-36 仿真结果

关断电路-仿真录频

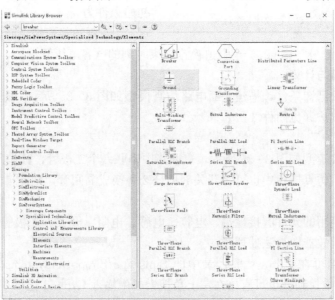

图 3-37 添加接地端

其中，电容、电感、电阻元件可在 Library 根目录中的 Simscape/Simpowersystems/
Specialized Technology/Elements 中找到 Series RLC Branch（也可直接在左上角搜索栏中输
入 RLC 进行寻找），将其拖至界面，如图 3 - 38 所示。

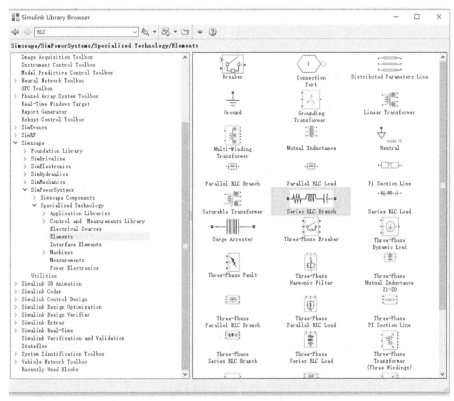

图 3 - 38　添加 RCL 元件

双击该模块可设置参数与器件类型，如图 3 - 39 所示，通过 Branch type，可将该模块设置
为 C、R、L、LC、RC、RL、RLC，复制该模块，一个设置为 C，一个设置为 L（为了检测电
容两端电压），此外，还可设置所选器件的数值大小，以及电容或电感的初始电压或电流。

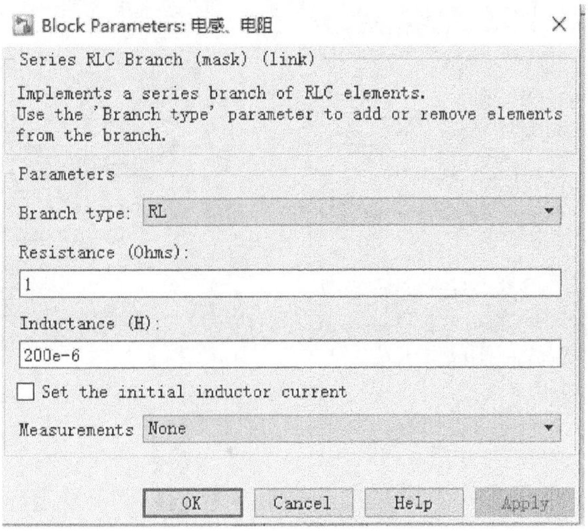

图 3 - 39　设置 RLC 元件参数

其中，开关元件可在 Library 根目录中的 Simscape/Simpowersystems/Specialized Technology/Elements 中找到 Breaker（也可直接在左上角搜索栏中输入 breaker 进行寻找），将其拖至界面。添加开关元件如图 3-40 所示。

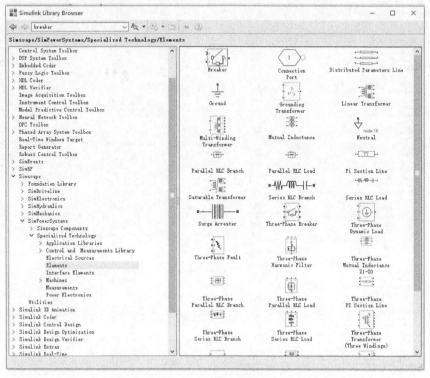

图 3-40　添加开关元件

双击该模块，勾中 External，引入外部逻辑波形对其进行控制，并在 Initial status 中输入"0"，使其初始状态为分闸，如图 3-41 所示。

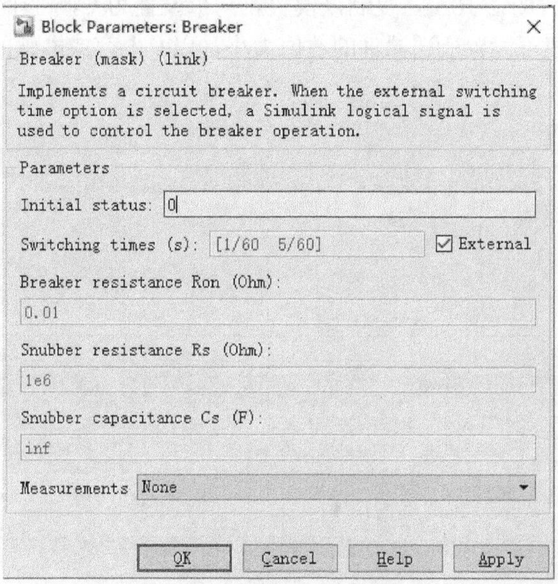

图 3-41　设置开关元件参数

其中，二极管元件可在 Library 根目录中的 Simscape/Simpowersystems/Specialized Technology/Power Eletronics 中找到 Diode（也可直接在左上角搜索栏中输入 "diode" 进行寻找），将其拖至界面，如图 3-42 所示。

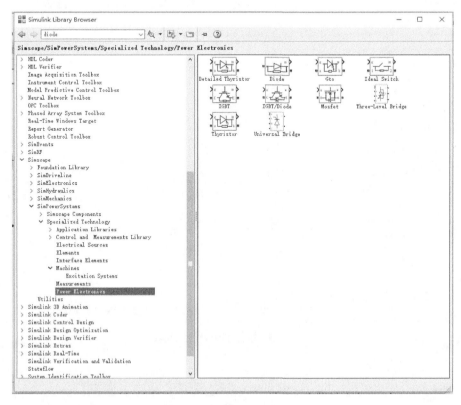

图 3-42　添加二极管

其中，电压表、电流表可在 Library 根目录中的 Simscape/Simpowersystems/Specialized Technology/Measurements 中找到 Current Measurement、Voltage Measurement（也可直接在左上角搜索栏中输入 "measurements" 进行寻找），将其拖至界面，如图 3-43 所示。

其中，逻辑触发波形可在 Library 根目录中的 Sources 中找到 Step（也可直接在左上角搜索栏中输入 "step" 进行寻找），将其拖至界面中，如图 3-44 所示。

如图 3-45 所示，双击该模块，可设置阶跃时间（Step time）、阶跃前的初始值（Initial value）和阶跃后的保持值（Final value），将主电路的阶跃时间设为 0，初始值设为 0，终值设为 1，以实现 0 时刻主开关的导通，将开关 K1 的初始值设为 1（闭合），终值设为 0，开关 K2 的初始值设为 0，终值设为 1，二者阶跃时间应根据工况要求（额定关断，短路关断）设置。

在左上角中输入 "mux"，将其拖至界面中，如图 3-46 所示，并将此前示波器中多条线路接至 Mux，这样就可以在同一示波器中显示多条波形，如图 3-47 所示。

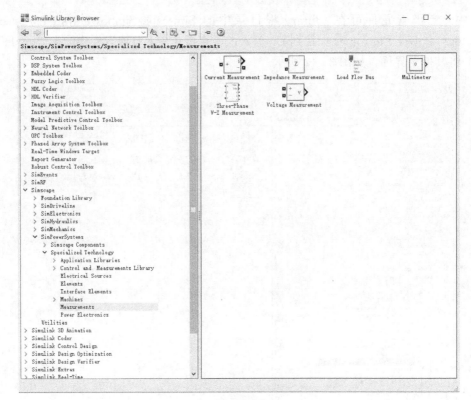

图 3-43　添加电压表与电流表

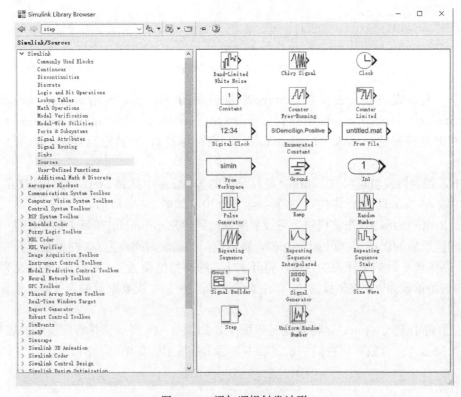

图 3-44　添加逻辑触发波形

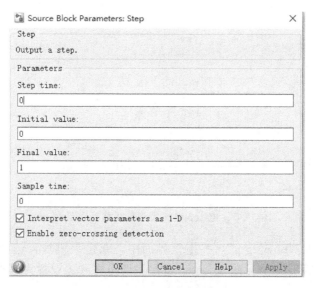

图 3 - 45 设置触发波形参数

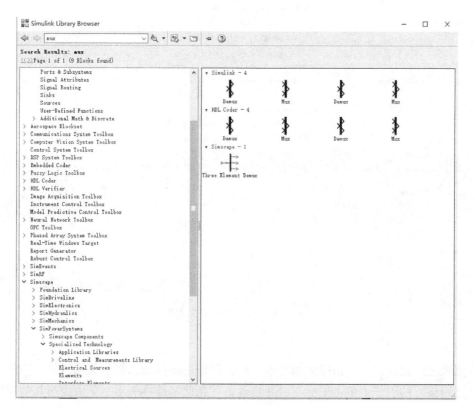

图 3 - 46 添加 Mux

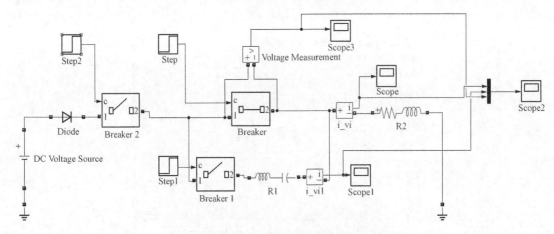

图 3-47　电压表电流表测量线路连接至 Mux

在左上角中输入"powergui",并拖至界面中,双击该模块,选中 Configure parameters,将其设置为如下形式(见图 3-48),此举主要是将开关设置为理想开关(即忽略开关自身的电阻)。

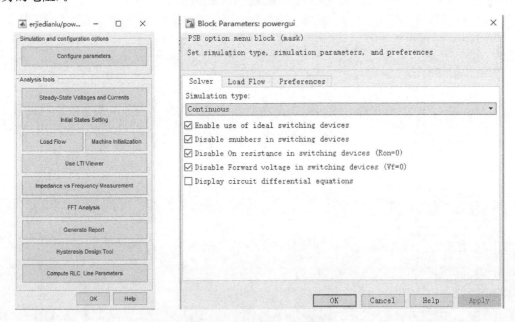

图 3-48　设置理想开关参数

2. 连线

在完成上述过程之后,根据案例要求,单击鼠标左键拖动,将相关元器件用引线连接起来,在已连接好的引线上单击鼠标右键并拖动,可在此基础再引出一条引线与其他支路相连接,如图 3-49 所示。

3. 运行

电路搭建好后,单击菜单栏中的 Configuration Parameters,在 Stop time 中设置计算仿真时间,在 Solver 中选择算法,此处建议选择 Ode23tb,在 Max Type 中设置最大时间步长以提高仿真精度，如图 3-50 所示。

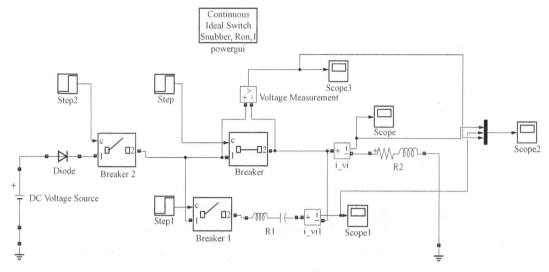

图 3-49　电路线路连接

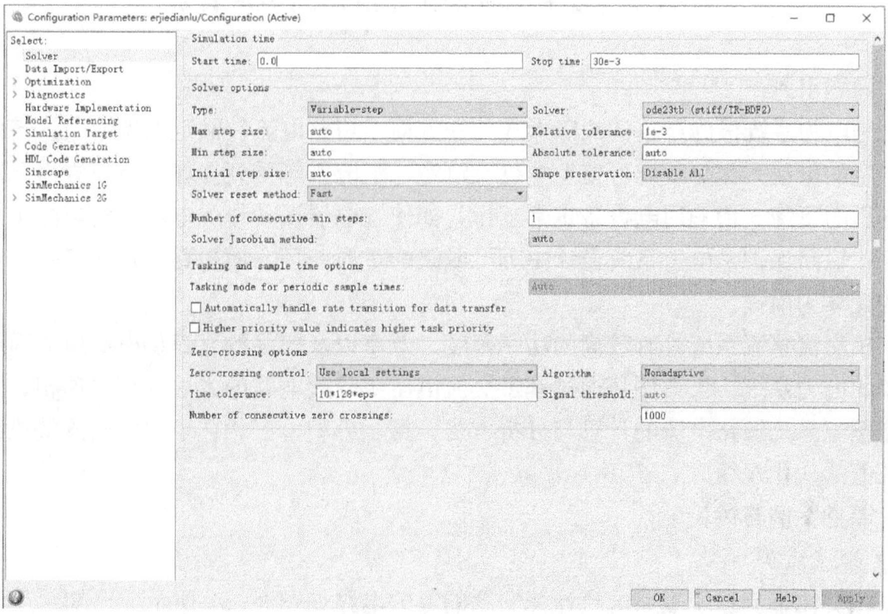

图 3-50　设置求解参数

在完成上述过程之后，单击运行按钮，然后双击各示波器模块，即可得到相应波形。

4. 结果

双击操作界面中的 Scope，选择 History，取消勾选 Limit data to last 即可获得完整时间状况下的波形，如图 3-51 所示。

选择 Style，在 Axes colors 的第一个颜色选项中更改示波器波形背景颜色（建议为白色），第二个颜色选型中更改坐标轴颜色（建议为黑色），在 Properties for line 中选择更改需要的波形样式（下方的选项为线形、线宽、线的颜色，这里将曲线 1 设置为蓝色，曲线 2

设置为粉色，曲线 3 设置为青色），如图 3 - 52 所示。

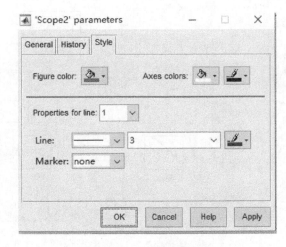

图 3 - 51　设置波形参数　　　　　　　　　图 3 - 52　设置波形参数

第三节　多相交流整流系统短路电流计算

一、问题引入

短路是电力系统最为严重的故障形式。一方面，短路电流较额定电流增大许多倍，短路电流所产生的电动力和热效应可使发电机、电缆、汇流排等受到损坏；另一方面，短路将造成电网电压的下降，影响用电设备正常工作，如使继电器误动作、电动机转矩减小甚至停转等。因此，短路保护是电力系统设计中不可或缺的重要一环，而短路保护方案的确定又以短路电流的计算为前提。

十二相交流整流系统具有较高的功率密度、效率以及较好的直流供电品质，因此被广泛应用于船舶电力系统。该案例将通过基于交流电压源等效电路的方法，获取单相、三相、十二相交流整流系统短路电流的计算与分析方法，揭示单相、三相、十二相交流整流系统短路电流特征值的变化规律。

二、课堂案例与讨论

（一）课堂案例

十二相交流整流系统短路电流计算问题的等效电路如图 3 - 53 所示，已知：交流侧等效电源由 4 组三相交流电压源并联而成，各组电压源的相位角依次相差 15°，每个电压源的电压峰值 U_m 为 2886V，频率 f 为 100Hz，线路电感 L 为 0.32mH，试计算：直流侧开关闭合后，短路电流 i_D，并尝试分析短路电流峰值、短路电流峰值时间以及短路电流上升率等特征值的一般规律，其中，短路电流上升率特指故障发生时刻电流的初始上升率。其中，各个电压源的表达式如式（3 - 17）～式（3 - 20）所示。

$$\begin{cases} u_{a1} = U_m \sin(\omega t + \alpha) \\ u_{b1} = U_m \sin(\omega t + \alpha - 120°) \\ u_{c1} = U_m \sin(\omega t + \alpha + 120°) \end{cases} \qquad (3 - 17)$$

$$\begin{cases} u_{a2} = U_m \sin(\omega t + \alpha - 15°) \\ u_{b2} = U_m \sin(\omega t + \alpha - 135°) \\ u_{c2} = U_m \sin(\omega t + \alpha + 105°) \end{cases} \quad (3 \text{-} 18)$$

$$\begin{cases} u_{a3} = U_m \sin(\omega t + \alpha - 30°) \\ u_{b3} = U_m \sin(\omega t + \alpha - 150°) \\ u_{c3} = U_m \sin(\omega t + \alpha + 90°) \end{cases} \quad (3 \text{-} 19)$$

$$\begin{cases} u_{a4} = U_m \sin(\omega t + \alpha - 45°) \\ u_{b4} = U_m \sin(\omega t + \alpha - 165°) \\ u_{c4} = U_m \sin(\omega t + \alpha + 75°) \end{cases} \quad (3 \text{-} 20)$$

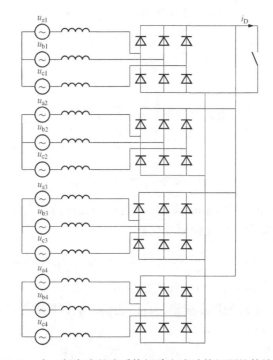

图 3 - 53　十二相交流整流系统短路电流计算问题的等效电路

（二）课堂讨论

（1）尝试从物理角度解释合闸角对短路电流的影响。（提示：可将电流分为直流分量、交流分量）

（2）若在单相交流系统回路中串联一个电阻，尝试分析其短路电流波形有什么样的变化。

（3）尝试分析单相交流整流系统短路电流与单相交流系统短路电流有怎样的区别。

（4）尝试分析三相交流整流系统短路电流与合闸角的关系，以及与单相交流整流系统短路电流有怎样的区别。

（5）尝试分析十二相交流整流系统短路电流与合闸角的关系，以及与三相交流整流系统短路电流有怎样的区别。

三、数学模型与计算

现依次计算单相交流系统、单相交流整流系统、三相交流系统、三相交流整流系统，以及十二相交流整流系统的短路电流。

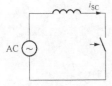

图 3 - 54 单相交流系统短路电流计算问题的等效电路

（一）单相交流系统

单相交流系统的短路电流计算可等效为如下一阶电路问题，如图 3 - 54 所示，已知电源电压为 $u_s = U_m \sin(\omega t + \alpha)$、线路电感记为 L（忽略线路电阻），求解开关闭合后的回路电流，即为单相交流系统的短路电流 i_{SC}，电压幅值、频率、线路电感等参数与案例给定条件一致。

1. 数学模型

该电路问题对应的数学方程如下：

$$\begin{cases} L\dfrac{\mathrm{d}i}{\mathrm{d}t} = U_m \sin(\omega t + \alpha) \\ i\big|_0 = 0 \end{cases} \tag{3-21}$$

2. 解析与仿真计算

求解可得短路电流 i_{SC} 及其电流上升率 $\mathrm{d}i/\mathrm{d}t$ 分别为

$$\begin{cases} i_{SC} = \dfrac{U_m}{\omega L}\left[\cos\alpha - \cos(\omega t + \alpha)\right] \\ \mathrm{d}i/\mathrm{d}t = \dfrac{U_m}{L}\sin(\omega t + \alpha) \end{cases} \tag{3-22}$$

其中，α 为短路合闸角，即短路故障发生时电压的相位角，由式（3 - 22）可以看出，短路电流 i_{SC} 会随着短路合闸角 α 的变化而变化。

如果把短路电流看作直流分量 $\dfrac{U_m}{\omega L}\cos\alpha$ 与交流分量 $-\dfrac{U_m}{\omega L}\cos(\omega t + \alpha)$ 之和，那么请尝试绘制出短路电流波形，并分析直流分量如何影响短路电流？

图 3 - 55 为单相交流系统的仿真模型，具体建模方法详见附件 3 - 3。

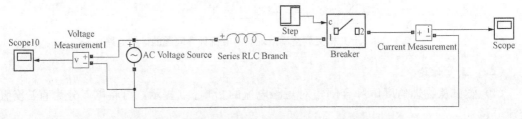

图 3 - 55 单相交流系统短路电流计算问题仿真模型

仿真结果如图 3 - 56 所示，分别描述了合闸角为 0°、60° 和 90° 时系统电源电压与短路电流的波形，其中横坐标以弧度角为单位，各电压、电流周期均为 2π，对应的时间周期为 T（$T = 2\pi/\omega$），纵坐标为电压、电流的标幺值，标幺值与所选定的基准值密切相关，通常在进行电力系统短路故障暂态分析时，电压基准值为其幅值 U_m，那么电流基准值则为 $U_m/\omega L$。

（二）单相交流整流系统

单相交流整流系统短路电流计算问题的等效电路如图 3 - 57 所示，交流电源信号通过桥

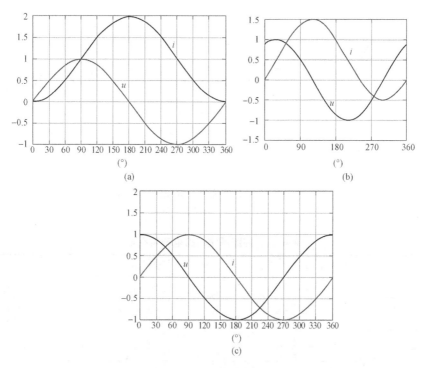

图 3-56 单相交流系统短路故障时电压、电流波形

(a) 0°合闸角；（b) 60°合闸角；（c) 90°合闸角

式整流电路输出直流信号，试求直流侧发生短路故障时的短路
电流 i_D。

图 3-58 是单相交流整流系统短路电流计算问题的仿真
模型，具体建模方法详见附件 3-3。

仿真结果如图 3-59 所示，其中横坐标以时间为单位，
20ms 对应单相交流电源电压的时间周期 T（$T = 2\pi/\omega$），0°、
60°、90°合闸角对应的短路电流均为周期波，其周期分别为
$T(2\pi)$、$T(2\pi)$、$T/2(\pi)$。

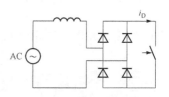

图 3-57 单相交流整流
系统短路电流计算
问题等效电路

由图 3-59 可计算出典型合闸角情况下，短路电流特征值包括短路电流峰值 i_{max}、峰值
时间 t_{max}，以及短路电流初始上升率 di/dt，见表 3-1。

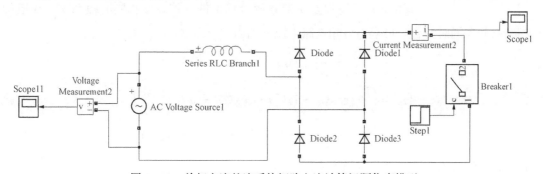

图 3-58 单相交流整流系统短路电流计算问题仿真模型

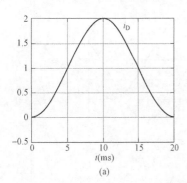
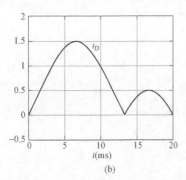
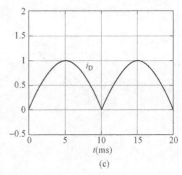

图 3-59　单相交流整流系统短路电流波形

(a) 0°合闸角；(b) 60°合闸角；(c) 90°合闸角

表 3-1　　　　　　　　　　　　单相交流整流系统短路电流特征值

特征量	合闸角		
	0°	60°	90°
i_{max}	$\dfrac{2U_m}{\omega L}$	$\dfrac{3U_m}{2\omega L}$	$\dfrac{U_m}{\omega L}$
t_{max}	$\dfrac{T}{2}$ 或 π	$\dfrac{T}{3}$ 或 $\dfrac{2\pi}{3}$	$\dfrac{T}{4}$ 或 $\dfrac{\pi}{2}$
di/dt	0	$\dfrac{\sqrt{3}U_m}{2L}$	$\dfrac{U_m}{L}$

　　由表 3-1 可以看出，0°合闸角时，短路电流峰值最大，为 $\dfrac{2U_m}{\omega L}$，而短路电流上升率最小；90°合闸角时，短路电流上升率最大，为 $\dfrac{U_m}{L}$，但短路电流峰值最小。

（三）三相交流系统

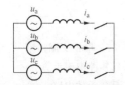

图 3-60　三相交流系统短路电流计算问题等效电路

　　三相交流系统短路电流计算问题的等效电路如图 3-60 所示，其中各相支路的线路电感均为 L，线路电阻忽略不计。

　　三相交流系统对称，u_a、u_b、u_c 可分别表示为

$$\begin{cases} u_a = U_m\sin(\omega t + \alpha) \\ u_b = U_m\sin(\omega t + \alpha - 120°) \\ u_c = U_m\sin(\omega t + \alpha + 120°) \end{cases} \quad (3-23)$$

其中，L、U_m 以及 ω 与案例给定条件一致。三相同时短路时，相应的三相支路开关同时闭合，可求得各相支路电流分别为

$$\begin{cases} i_a = \dfrac{U_m}{\omega L}\left[\cos\alpha - \cos(\omega t + \alpha)\right] \\ i_b = \dfrac{U_m}{\omega L}\left[\cos(\alpha - 120°) - \cos(\omega t + \alpha - 120°)\right] \\ i_c = \dfrac{U_m}{\omega L}\left[\cos(\alpha + 120°) - \cos(\omega t + \alpha + 120°)\right] \end{cases} \quad (3-24)$$

同样地，电流波形会随短路合闸角的不同而不同。

　　图 3-61 是三相交流系统短路电流计算问题仿真模型，具体建模方法详见附件 3-4。

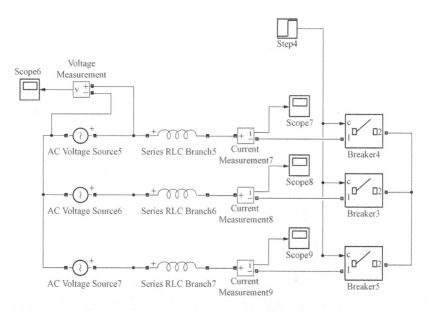

图 3-61 三相交流系统短路电流计算问题仿真模型

(四) 三相交流整流系统

三相交流整流系统短路电流计算问题的等效电路如图 3-62 所示。

从图 3-62 中可以看出，直流侧发生短路故障时，短路电流 i_D 是 i_a、i_b、i_c 整流之后的结果，i_D 对应三相电流中正向电流（与 i_D 正方向一致的电流）之和。三相全波整流周期为 $60°$，因此，在分析三相交流整流系统的短路电流波形时，仅需考虑短路合闸角介于 $0°\sim60°$的情况即可，以零度合闸角（$\alpha = 0°$）为例，直流侧发生短路故障时，由式（3-24）可得各相支路电流 i_a、i_b、i_c，如式（3-25）所示。

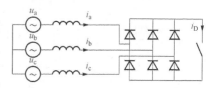

图 3-62 三相交流整流系统短路电流计算问题的等效电路

$$\begin{cases} i_a = \dfrac{U_m}{\omega L}(1 - \cos\omega t) \\ i_b = \dfrac{U_m}{\omega L}\left[-\dfrac{1}{2} - \cos(\omega t - 120°)\right] \\ i_c = \dfrac{U_m}{\omega L}\left[-\dfrac{1}{2} - \cos(\omega t + 120°)\right] \end{cases} \tag{3-25}$$

图 3-63 是三相交流整流系统短路电流计算问题仿真模型，具体建模方法详见附件 3-4。

零度合闸角情况下三相交流整流系统各相支路电流以及短路电流的仿真结果如图 3-64 所示，横坐标以时间为单位，显然 i_a、i_b、i_c 均为周期波，其周期与单相交流电源的时间周期 T（$T=2\pi/\omega$）相同，为 20ms，整流后，短路电流 i_D 峰值对应的时刻为 $T/2$（π），此时 B、C 相电流并非正方向电流，因此短路电流峰值 i_{max} 即为 A 相电流当 $t=T/2$ 时的电流值 $\dfrac{2U_m}{\omega L}$，短路电流上升率即为 A、C 相电流初始上升率之和 $\dfrac{\sqrt{3}U_m}{2L}$。

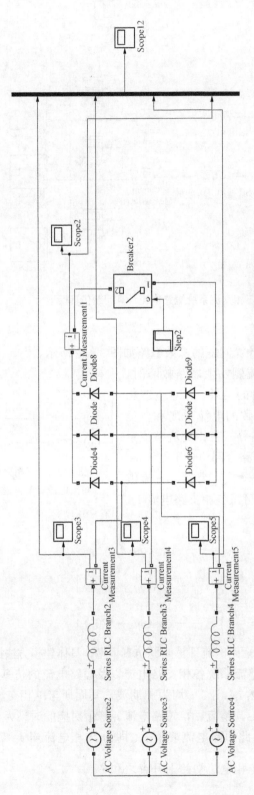

图 3 - 63 三相交流整流系统短路电流计算问题仿真模型

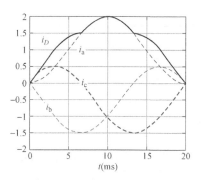

图 3 - 64 零度合闸角时三相交流整流系统各电流波形

依此类推，可获得短路合闸角分别为 15°、30°、45°、60°时三相交流整流系统的短路电流波形，如图 3 - 65 所示。

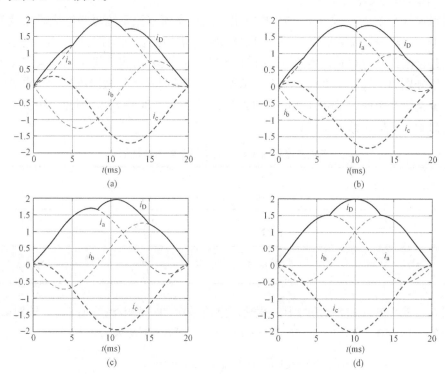

图 3 - 65 三相交流整流系统短路电流波形

(a) 15°合闸角；(b) 30°合闸角；(c) 45°合闸角；(d) 60°合闸角

由图 3 - 65 可计算出不同短路合闸角情况下，短路电流特征值包括短路电流峰值 i_{max}、峰值时间 t_{max}，以及短路电流初始上升率 di/dt，见表 3 - 2。

表 3 - 2　　　　　　　　　三相交流整流系统短路电流特征值

特征量	合闸角			
	0°	15°	30°	45°
i_{max}	$\dfrac{2U_m}{\omega L}$	$\dfrac{U_m}{\omega L}(1+\cos15°)$	$\dfrac{U_m}{\omega L}\left(1+\dfrac{\sqrt{3}}{2}\right)$	$\dfrac{U_m}{\omega L}(1+\cos15°)$

特征量	合闸角			
	$0°$	$15°$	$30°$	$45°$
$t_{\max}$	π	$\pi-15°$	$\pi\pm30°$	$\pi+15°$
$\mathrm{d}i/\mathrm{d}t$	$\dfrac{\sqrt{3}\,U_{\mathrm{m}}}{2L}$	$\dfrac{U_{\mathrm{m}}}{L}\cos15°$	$\dfrac{U_{\mathrm{m}}}{L}$	$\dfrac{U_{\mathrm{m}}}{L}\cos15°$

由表 3-2 可以看出，三相交流整流系统的短路电流峰值介于 $\dfrac{U_{\mathrm{m}}}{\omega L}(1+\cos30°)\sim\dfrac{2U_{\mathrm{m}}}{\omega L}$，初始上升率介于 $\dfrac{U_{\mathrm{m}}}{L}\cos30°\sim\dfrac{U_{\mathrm{m}}}{L}$。其中，$0°$ 合闸角时，短路电流峰值最大；$30°$ 合闸角时，短路电流初始上升率最大。

（五）十二相交流整流系统

现利用式（3-17）～式（3-20）推算出十二相交流整流系统短路电流峰值及其初始上升率，由于十二相全波整流周期为 $15°$，因此仅需考虑短路合闸角介于 $0°\sim15°$ 的情况即可。

当短路合闸角 α 为 $0°$ 时，由式（3-16）～式（3-20）可得，第 2、3、4 组交流电源的 A 相相位角分别为 $-15°$、$-30°$、$-45°$，依据三相交流整流系统短路电流的计算方法，可求得三相交流整流系统中，短路合闸角分别为 $0°$、$-15°$、$-30°$ 和 $-45°$ 时短路电流在 π 时刻的值 i_{π} 以及初始上升率，见表 3-3。

表 3-3   **三相交流整流系统 π 时刻短路电流特征值**

特征量	合闸角			
	$0°$	$-15°$	$-30°$	$-45°$
i_{π}	$\dfrac{2U_{\mathrm{m}}}{\omega L}$	$\dfrac{2U_{\mathrm{m}}}{\omega L}\cos15°$	$\dfrac{\sqrt{3}U_{\mathrm{m}}}{\omega L}$	$\dfrac{2U_{\mathrm{m}}}{\omega L}\cos15°$
$\mathrm{d}i/\mathrm{d}t$	$\dfrac{\sqrt{3}U_{\mathrm{m}}}{2L}$	$\dfrac{U_{\mathrm{m}}}{L}\cos15°$	$\dfrac{U_{\mathrm{m}}}{L}$	$\dfrac{U_{\mathrm{m}}}{L}\cos15°$

由图 3-53 可知，$0°$ 合闸角时十二相交流整流系统的短路电流峰值 $i_{\max}$，即对表 3-3 中短路合闸角分别为 $0°$、$-15°$、$-30°$ 和 $-45°$ 时的 i_{π} 求和，其表达式如下：

$$i_{\max}=i_{\pi}\big|_{\alpha=0°}+i_{\pi}\big|_{\alpha=-15°}+i_{\pi}\big|_{\alpha=-30°}+i_{\pi}\big|_{\alpha=-45°}=\frac{7.6\,U_{\mathrm{m}}}{\omega L} \qquad (3-26)$$

同理，可得短路电流初始上升率 $\mathrm{d}i/\mathrm{d}t$ 的表达式如下：

$$\mathrm{d}i/\mathrm{d}t=\mathrm{d}i/\mathrm{d}t\big|_{\alpha=0°}+\mathrm{d}i/\mathrm{d}t\big|_{\alpha=-15°}+\mathrm{d}i/\mathrm{d}t\big|_{\alpha=-30°}+\mathrm{d}i/\mathrm{d}t\big|_{\alpha=-45°}=\frac{3.8\,U_{\mathrm{m}}}{L} \qquad (3-27)$$

依此类推，可计算出合闸角为 $3.75°$、$7.5°$、$11.25°$ 时的短路电流峰值分别为 $\dfrac{7.6\,U_{\mathrm{m}}}{\omega L}$、$\dfrac{7.4\,U_{\mathrm{m}}}{\omega L}$、$\dfrac{7.4\,U_{\mathrm{m}}}{\omega L}$，电流初始上升率分别为 $\dfrac{3.8\,U_{\mathrm{m}}}{L}$、$\dfrac{3.79\,U_{\mathrm{m}}}{L}$、$\dfrac{3.78\,U_{\mathrm{m}}}{L}$。

图 3-66 是十二相交流整流系统短路电流计算问题仿真模型，具体建模方法详见附件 3-5。

由图 3-67 不难看出，由于十二相全波整流周期小，不同短路合闸角对应的短路电流

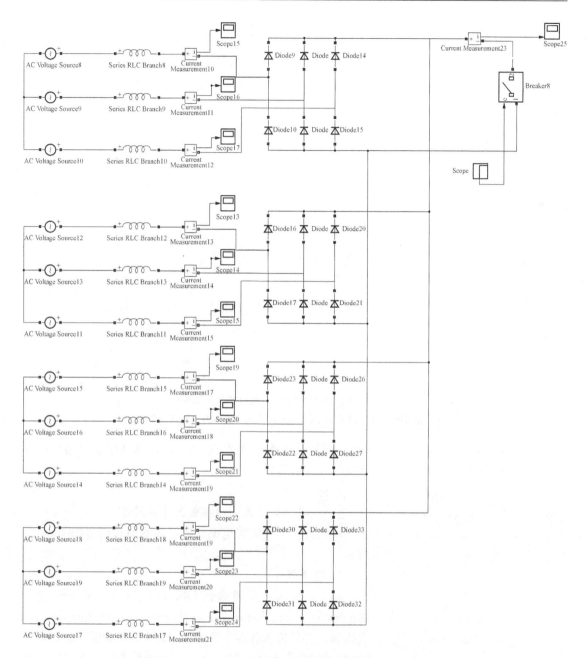

图 3-66 十二相交流整流系统短路电流计算问题仿真模型

波形差别并不大。对比图 3-59 可以发现，十二相交流整流系统的短路电流峰值约为单相交流整流系统最大短路电流峰值的 3.8 倍，初始短路电流上升率约为 $3.8U_m/L$。相比正弦波 $i = 7.6U_m/(\omega L) \cdot \sin(\omega' t)$（$t \in [0, T]$，其中，$\omega' = \omega/2$），其峰值为 $7.6U_m/\omega L$，初始上升率为 $3.8U_m/L$，十二相交流整流系统的短路电流波形与 i 的波形基本吻合，如图 3-68 所示。

根据十二相交流整流系统短路电流计算方法，请大家尝试解析计算实际十二相交流整流发电机系统短路电流特征值：已知实际十二相交流整流发电机容量 25MW，额定电压 5kV，

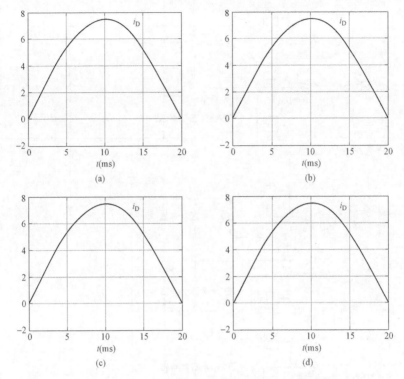

图 3 - 67　十二相交流整流系统短路电流波形

（a）0°合闸角；（b）3.75°合闸角；（c）7.5°合闸角；（d）11.25°合闸角

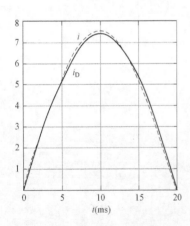

图 3 - 68　十二相交流整流系统
短路电流波形近似正弦波

频率 100Hz，超瞬变电抗 X''_d 为 0.1，尝试绘制短路电流首波波形并注明其特征值。

附件 3 - 3

（一）单相交流系统短路电流计算问题

单相交流系统短路电流计算问题的仿真模型如图 3 - 69 所示。

1. 选择器件

其中，交流电压源可在 Library 根目录中的 Simscape/Simpowersystems/Specialized Technology/Electronic Sources 中找到，将其拖入界面，如图 3 - 70 所示，电压幅值设定为 311V，频率设定为 50Hz，Phase 为初始相角，如图 3 - 71 所示。

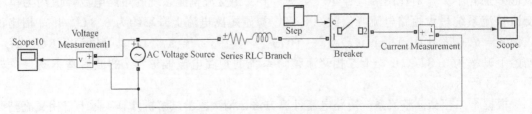

图 3 - 69　单相交流系统短路电流计算问题仿真模型

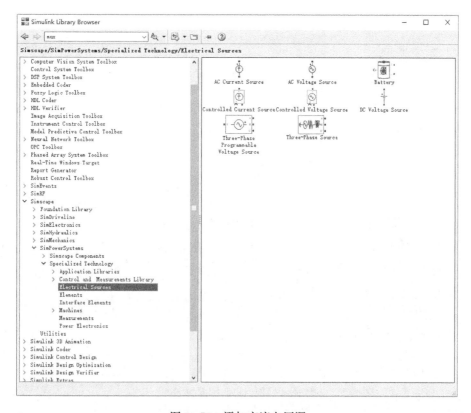

图 3 - 70　添加交流电压源

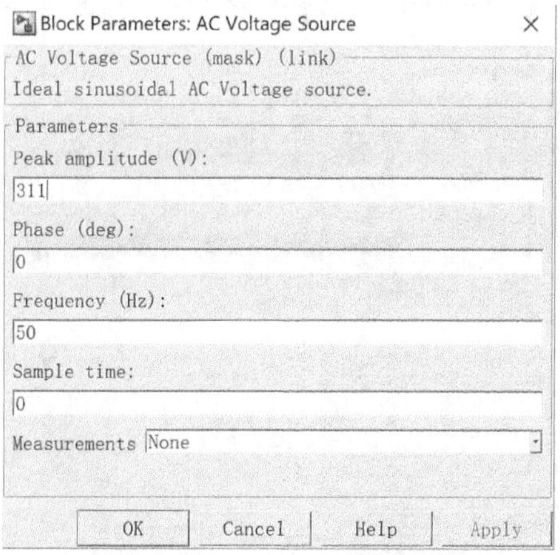

图 3 - 71　设置交流电压源参数

　　其中，电容、电感、电阻元件可在 Library 根目录中的 Simscape/Simpowersystems/ Specialized Technology/Elements 中找到 Series RLC Branch（也可直接在左上角搜索栏中输入 RLC 进行寻找），将其拖至界面，如图 3 - 72 所示。

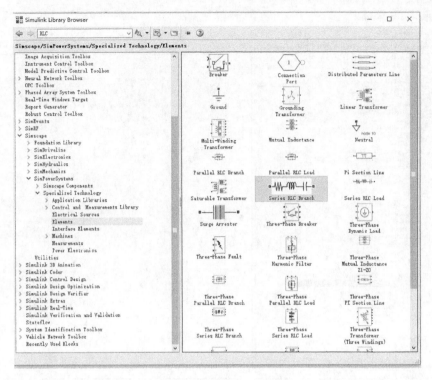

图 3-72　添加 RLC 元件

双击该模块可设置参数与器件类型，通过 Branch type，可将该模块设置为 C、R、L、LC、RC、RL、RLC。如图 3-73 所示，将该模块设置为 RL，电感为 $70\mu H$。

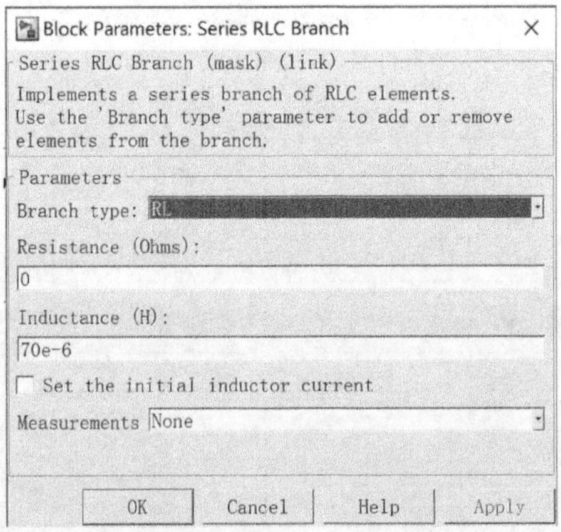

图 3-73　设置 RLC 元件参数

其中，开关元件可在 Library 根目录中的 Simscape/Simpowersystems/Specialized Technology/Elements 中找到 Breaker（也可直接在左上角搜索栏中输入"breaker"进行寻找），将其拖至界面，如图 3-74 所示。

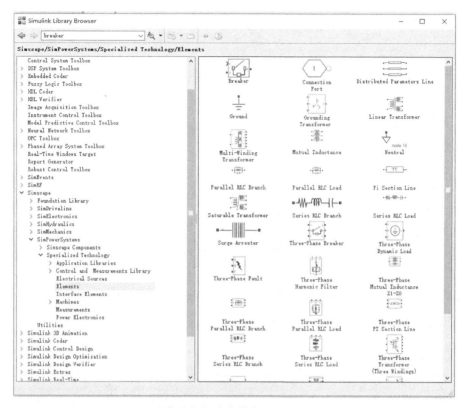

图 3 - 74　添加开关元件

双击该模块，勾中 External，引入外部逻辑波形对其进行控制，并在 Initial status 中输入"0"，实现其初始状态为分闸。

其中，电压表、电流表可在 Library 根目录中的 Simscape/Simpowersystems/Specialized Technology/Measurements 中找到 Current Measurement、Voltage Measurement（也可直接在左上角搜索栏中输入"measurements"进行寻找），将其拖至界面，如图 3 - 75 所示。

其中，逻辑触发波形可在 Library 根目录中的 Sources 中找到 Step（也可直接在左上角搜索栏中输入"step"进行寻找），将其拖至界面中，如图 3 - 76 所示。

双击该模块，可设置阶跃时间（Step time）、阶跃前的初始值（Initial value）和阶跃后的保持值（Final value），将主电路的阶跃时间设为 0，初始值设为 0，终值设为 5（大于 0 的数字皆可），以实现 0 时刻开关导通，如图 3 - 77 所示。

在左上角中输入"powergui"，将其拖至界面中，双击该模块，选中 Configure parameters，设置形式如下，主要是将开关设置为理想开关（即忽略开关自身的电阻），如图 3 - 78 所示。

2. 连线

在完成上述过程之后，根据案例要求，单击鼠标左键拖动，将相关元器件用引线连接起来，在已连接好的引线上单击鼠标右键并拖动，可在此基础再引出一条引线与其他支路相连接。

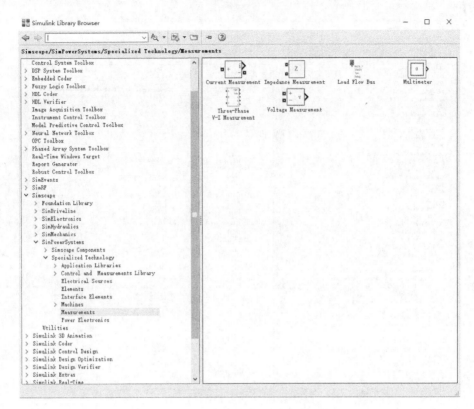

图 3-75 添加电压表与电流表

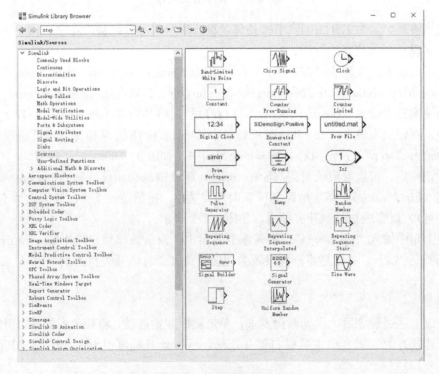

图 3-76 添加逻辑触发波形

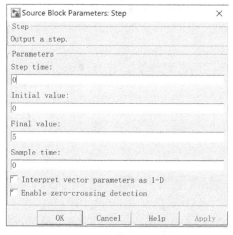

图 3 - 77　设置触发波形参数

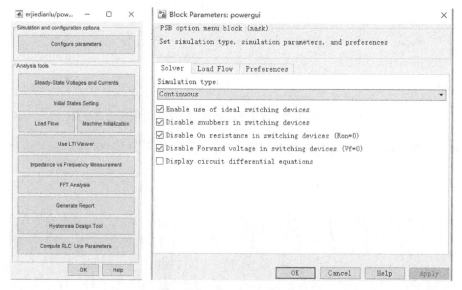

图 3 - 78　设置理想开关参数

3. 运行

搭建好电路后，单击菜单栏中的 Configuration parameters，在 stop time 中设置计算仿真时间，在 Solver 中选择算法，此处建议选择 Ode23tb，在 Max type 中设置最大时间步长以提高仿真精度。

4. 结果

单相交流系统在 0°、90°合闸角情况下的短路电流仿真结果分别如图 3 - 79、图 3 - 80 所示。

结果分析：当合闸角为 0°时，短路电流峰值最大，为 28kA；当合闸角为 90°时，短路电流峰值最小，为 14kA。可见，最大峰值是最小峰值的两倍，由于存在直流分量的作用，短路电流峰值随合闸角的变化较大。

（二）考虑电阻后单相交流系统短路电流计算问题

电路条件与附件 3 - 3 "（一）单相交流系统短路电流计算问题"中的参数基本一致，但在 Series RLC Branch 模块中选择 RL，并将电阻阻值设为 3.5mΩ，其他条件保持不变。搭建仿真模型如图 3-81 所示。

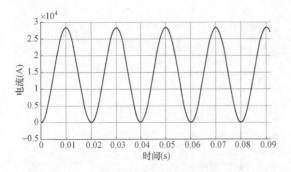

图 3-79　0°合闸角情况下短路电流仿真结果

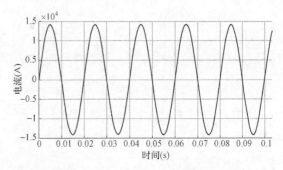

图 3-80　90°合闸角情况下短路电流仿真结果

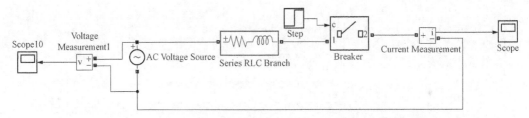

图 3-81　考虑电阻后单相交流系统短路电流计算问题仿真模型

不同合闸角情况下的短路电流仿真结果分别如图 3-82～图 3-88 所示。

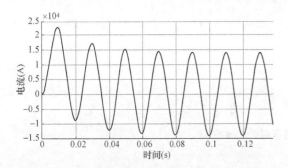

图 3-82　0°合闸角情况下短路电流仿真结果

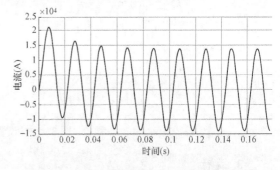

图 3-83　30°合闸角情况下短路电流仿真结果

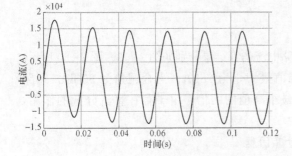

图 3-84　60°合闸角情况下短路电流仿真结果

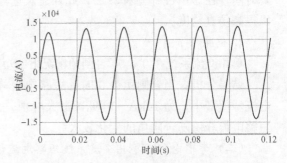

图 3-85　90°合闸角情况下短路电流仿真结果

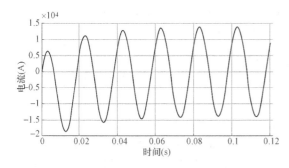

图 3-86 120°合闸角情况下短路电流仿真结果

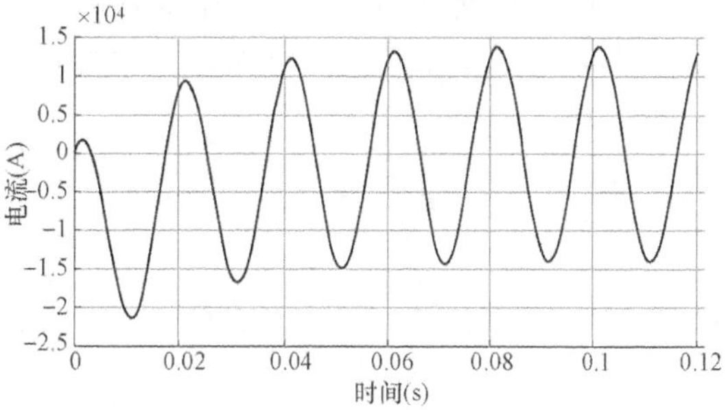

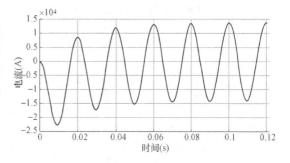

图 3-87 150°合闸角情况下短路电流仿真结果

结果分析：当合闸角为 0°时，短路电流峰值最大；当合闸角为 150°时，短路电流峰值最小，考虑电阻后，直流分量将依据时间常数大小逐步衰减至 0，衰减时间常数与电感、电阻的比值成正比，电阻越大，衰减时间常数越小，衰减越快。

附件 3-4

（一）三相交流系统短路电流计算问题

在仿真软件中搭建如图 3-89 所示模型，参数与附件 3-3 相同，每个交流源相角互差 120°。

图 3-88 180°合闸角情况下短路电流仿真结果

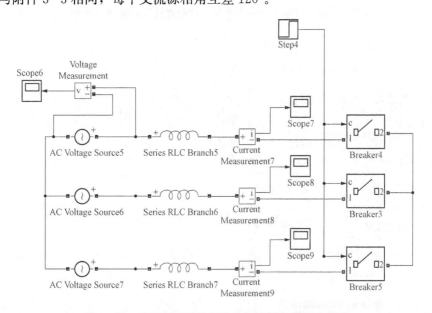

图 3-89 三相交流系统短路电流计算问题仿真模型

不同合闸角情况下的短路电流仿真结果分别如图 3-90、图 3-91 所示。

（二）三相交流整流系统短路电流计算问题

三相交流整流系统短路电流计算问题的仿真模型如图 3-92 所示。

其中，二极管元件可在 Library 根目录中的 Simscape/Simpowersystems/Specialized

Technology/Power Electronics 中找到 Diode（也可直接在左上角搜索栏中输入"diode"进行寻找），将其拖至界面。添加二极管元件如图 3-93 所示。

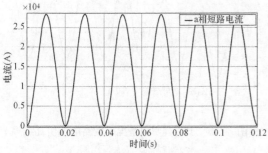

图 3-90　0°合闸角情况下短路电流仿真结果

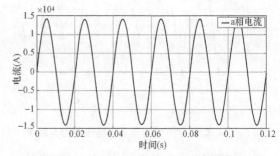

图 3-91　90°合闸角情况下短路电流仿真结果

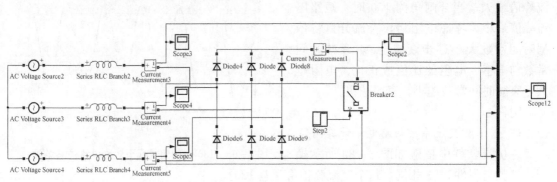

图 3-92　三相交流整流系统短路电流计算问题仿真模型

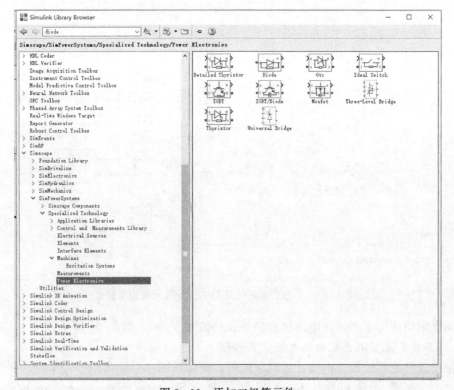

图 3-93　添加二极管元件

不同合闸角情况下短路电流的仿真结果分别如图 3-94～图 3-97 所示。

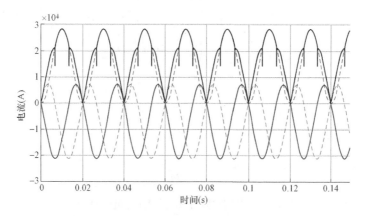

图 3-94 0°合闸角情况下短路电流仿真结果

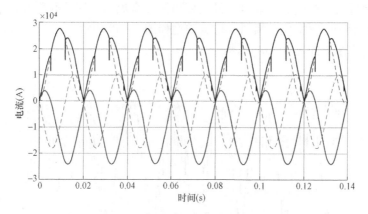

图 3-95 15°合闸角情况下短路电流仿真结果

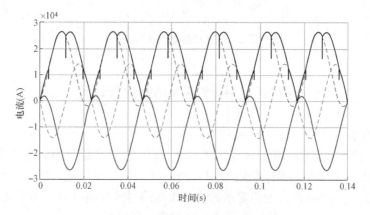

图 3-96 30°合闸角情况下短路电流仿真结果

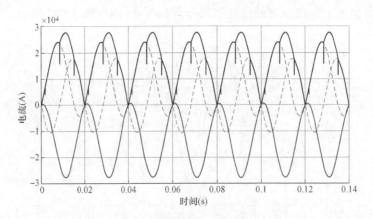

图 3-97　45°合闸角情况下短路电流仿真结果

附件 3-5

十二相交流整流系统中的等效电压源由四组三相交流电压源并联而成，每组交流电压源相差 15°，仿真条件与附件 3-4 相同，仿真模型如图 3-66 所示。

短路电流仿真结果如图 3-98 所示。

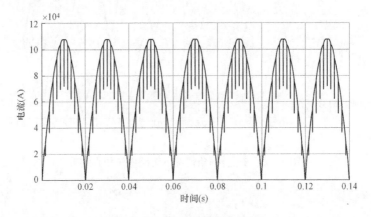

图 3-98　短路电流仿真结果

第四节　超快速断路器综合设计

一、背景需求

如图 3-99 所示，船舶中压直流系统通过逆变器向交流负载供电，当逆变器直流侧发生短路故障时，逆变器内的支撑电容仅能维持 20ms 左右向负载供电，因此，为了保证逆变器不停机，需要在 5～10ms 内快速切除故障。传统断路器的分断时间长达十几乃至数十毫秒，研制一款分断速度快、体积小的断路器成为当前最为紧迫的任务。

二、混合型断路器工作原理

为了解决直流快速分断问题，课题组开展了中低压型混合型断路器方案的关键技术研究与产品研发。混合型直流断路器结合了机械开关与固态开关的优势。正常通流时，电流从机械开关上流过，通态损耗低；故障时，电流由机械开关支路迅速转移至固态开关支路，最终由固态开关实现断路器的快速分断。

　　根据固态开关电路拓扑的不同，混合型断路器的换流方式可分为自然换流型、强迫换流型和联合型三种，如图 3-100 所示。

　　自然换流型断路器也称为零电压型（ZVS）断路器，它利用机械开关触头分闸形成的弧压和固态开关导通压降的压差，将电流换至固态开关支路，待触头达到一定开距后，由固态开关完成电流的快速分断。

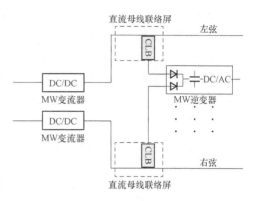

图 3-99　逆变器向交流负载供电示意图

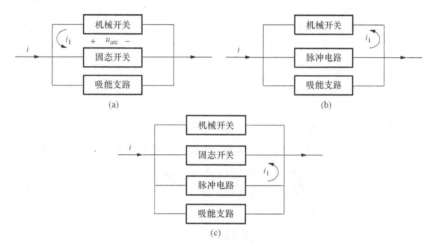

图 3-100　混合型断路器三种换流方式

（a）自然换流型；（b）强迫换流型；（c）联合型

图 3-101　电磁斥力驱动
机构结构示意图

　　强迫换流型断路器也称为零电流型（ZCS）断路器，机械开关触头分闸时，脉冲电路产生反向脉冲电流，制造故障电流过零点，进而实现分断，吸能支路吸收剩余能量。强迫换流型断路器特别适用于高上升率短路电流的分断。

　　联合型（ZVS-ZCS）断路器同时采用了自然换流和强迫换流两种关断技术。机械开关触头分闸时，电流首先换至基于半控型器件晶闸管 SCR 的固态开关支路，然后并联的脉冲电路产生反向脉冲电流强迫关断晶闸管。联合型断路器可弥补自然换流型方案分断能力的不足，同时在一定程度上降低了对触头介质恢复能力的要求。

　　为了提高断路器的分断速度，机械开关通常由电磁斥力驱动机构带动动触头快速动作。如图 3-101 所示，斥力线圈固定，斥力盘通过驱动杆与动触头相连，当斥力线圈所在回路开关闭合时，电容放电，斥力线圈回路产生一个脉冲电流，其正上方的斥力盘中感应出涡流,脉冲电流与感应涡流的相互作用产生脉冲斥力,推动动触头快速动作。

三、典型案例建模与分析

课题组研制了一款适用于低压等级的强迫换流型混合型断路器,其原理示意如图 3-102 所示,该断路器由高速真空开关(VB)、关断电路(二极管 VD、电容元件 C、电感元件 L、晶闸管 TH)、限压电路(压敏电阻 MOV)并联组成。该款断路器的分断波形如图 3-103 所示,故障发生时,在关断电流 i_C 的作用下,主回路电流 i 从真空开关支路逐步转移至关断电路,关断电容 C 吸收一部分系统能量,最终限压电路吸收系统剩余能量。

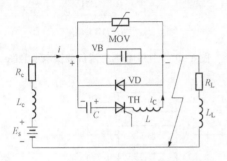

图 3-102　强迫换流型混合型断路器原理图

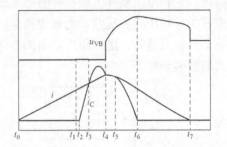

图 3-103　强迫换流型断路器电流分断波形

已知额定 710V/1600A 的直流系统,故障电流上升率 4A/μs,真空开关支路电感 0.08μH,二极管导通压降 1.8V,真空开关弧压 20V,关断电流上升率应在 220A/μs 以内,真空开关零电压时间(弧后介质恢复时间)应大于 32μs,尝试设计关断电路参数,使其在尽可能短的时间内将故障电流限制在 20kA 以内。

(一)强迫换流型混合型断路器工作原理

依据图 3-103,强迫换流型混合型断路器的电流分断过程可分为以下七个阶段。

1. 第一阶段($t_0 \rightarrow t_1$)

t_0 时刻,短路故障发生,主回路电流 i 开始上升,当电流达到断路器保护设定值时,真空开关动作,经过一定机械延时,真空开关触头在 t_1 时刻打开,产生弧压,在此阶段中,短路电流全部从真空开关机械触头上流过,断路器可以等效为真空开关支路电阻 R_{VB} 和电感 L_{VB} 的串联,等效电路如图 3-104 所示。

2. 第二阶段($t_1 \rightarrow t_2$)

t_1 时刻真空开关触头打开,触头间产生电弧,电弧电压为 u_{arc},t_2 时刻关断电路导通,与第一阶段相比,断路器的等效电路中增加了触头间的电弧电压,如图 3-105 所示。

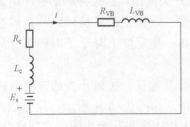

图 3-104　第一阶段等效电路

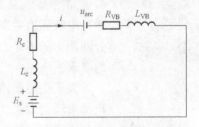

图 3-105　第二阶段等效电路

3. 第三阶段（$t_2 \rightarrow t_3$）

从 t_2 时刻开始，关断电路开始向真空开关发出反向关断电流 i_C，由于触头电弧电压的正向钳位作用，二极管 VD 保持非导通状态，随着 i_C 的增大，真空开关支路电流逐渐减小，主回路电流 i 从真空开关支路被强迫换流至关断电路，t_3 时刻，真空开关支路电流下降至零，电流完全换流至关断电路，这一阶段的等效电路如图 3 - 106 所示，其中 C 为关断电容，预先充电压 U_{C0}，L_{coil}、R_{coil} 分别为关断电感及其电阻。

4. 第四阶段（$t_3 \rightarrow t_4$）

t_3 时刻真空开关支路电流减小到零，真空电弧熄灭，二极管 VD 导通，随着 i_C 继续增大，主回路电流与二极管 VD 支路电流之和构成了关断电流 i_C，直至 t_4 时刻关断电流下降到再次等于主回路电流时，二极管 VD 截止，真空开关两端出现恢复电压，二极管的导通时间即为真空开关的零电压时间，也就是弧后介质恢复时间，此阶段等效电路如图 3 - 107 所示。

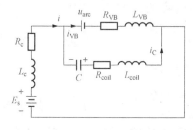

图 3 - 106　第三阶段等效电路

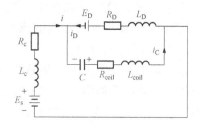

图 3 - 107　第四阶段等效电路

5. 第五阶段（$t_4 \rightarrow t_5$）

从 t_4 时刻起，二极管 VD 截止，主回路电流转移至关断电路，关断电容开始反向充电，关断电容电压不断升高，t_5 时刻达到压敏电阻的保护电压，此阶段的等效电路如图 3 - 108 所示。

6. 第六阶段（$t_5 \rightarrow t_6$）

t_5 时刻关断电容电压达到压敏电阻的保护电压值，压敏电阻导通，主回路电流同时流过关断电路支路和压敏电阻支路，直到 t_6 时刻关断电容反向充电电压达到最大值，关断电路截止，此阶段的等效电路如图 3 - 109 所示。

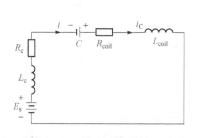

图 3 - 108　第五阶段等效电路

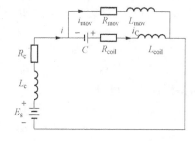

图 3 - 109　第六阶段等效电路

7. 第七阶段（$t_6 \rightarrow t_7$）

$t_6 \rightarrow t_7$ 阶段，主回路电流完全从压敏电阻支路上流过，该阶段为压敏电阻限压吸能阶段，直到 t_7 时刻流过压敏电阻的电流为零，限压吸能结束，此阶段的等效电路如图 3 - 110 所示。

（二）设计思路

根据断路器的工作原理，关断电路的参数设计需充分考虑以下几个原则：反向关断电流

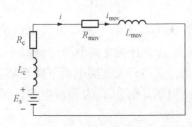

图 3 - 110　第七阶段等效电路

i_C 的峰值应大于待分断电流；换流过程中，避免 i_C 从二极管支路分流以减小关断电容的能量；i_C 的频率应满足真空开关介质恢复的需要；系统过电压不超过 2500V。

考虑到薄膜电容的功率密度、性价比等因素，该案例选取预充电压为 1650V，然后根据反向关断电流的上升率确定关断电感，最后由关断电流峰值及真空开关零电压时间确定关断电容的容值。

1. 关断电感

在介绍强迫换流型混合型断路器工作原理时，值得注意的是，对于第三阶段，反向关断电流仅从真空开关支路流过，对于第四阶段，真空开关支路电流减小到 0 时，反向关断电流才从二极管支路流过。根据关断电路参数设计原则"换流过程中，避免 i_C 从二极管支路分流以减小关断电容的能量"，为了保证第三阶段反向关断电流不向二极管支路分流，必须对关断电感进行设计。

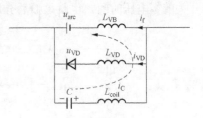

图 3 - 111　强迫换流过程等效电路

若忽略各支路电阻以及关断支路晶闸管的导通压降，强迫换流过程的等效电路如图 3 - 111 所示，其中 i_C 为反向关断电流，i_{VD} 为续流二极管支路电流，i_f 为高速真空开关支路电流，同时考虑了反向关断电流向高速真空开关支路、续流二极管支路的分流。

列写回路方程得

$$L_{VD} \frac{\mathrm{d}i_{VD}}{\mathrm{d}t} + u_{VD} + u_{arc} - L_{VB} \frac{\mathrm{d}i_f}{\mathrm{d}t} = 0$$

由此，可以得到高速真空开关支路和续流二极管支路的电流速率比为

$$\frac{\mathrm{d}i_{VD}/\mathrm{d}t}{\mathrm{d}i_f/\mathrm{d}t} = \frac{L_{VB} - \dfrac{u_{VD} + u_{arc}}{\mathrm{d}i_f/\mathrm{d}t}}{L_{VD}}$$

二极管是否导通取决于分流速率比，当速率比小于等于 0 时，续流二极管不导通，即

$$\frac{\mathrm{d}i_f}{\mathrm{d}t} \leqslant \frac{u_{VD} + u_{arc}}{L_{VB}}$$

于是

$$\frac{\mathrm{d}i_C}{\mathrm{d}t} \leqslant \frac{u_{VD} + u_{arc}}{L_{VB}}$$

将案例已知条件代入，可得

$$\frac{\mathrm{d}i_C}{\mathrm{d}t} \leqslant 272\mathrm{A}/\mu\mathrm{s}$$

案例中要求关断电流上升率应在 $220\mathrm{A}/\mu\mathrm{s}$ 以内，小于 $272\mathrm{A}/\mu\mathrm{s}$，因此若取 $220\mathrm{A}/\mu\mathrm{s}$ 的关断电流上升率，可以保证反向关断电流全部从真空开关支路上流过。

那么关断电感为

$$L_{coil} = \frac{U_{C0}}{\mathrm{d}i/\mathrm{d}t} = \frac{1650}{220} = 7.5\mu\mathrm{H}$$

2. 关断电容

根据关断电路的工作原理，关断电流可近似地表达为如下形式：

$$i_\text{C} = i_\text{max}\cos\omega t$$

其中

$$CU_\text{C0}^2 = L_\text{coil}\, i_\text{max}^2$$

$$\omega = \frac{1}{\sqrt{L_\text{coil}C}}$$

由案例已知条件可知，当 $t = 32\mu s$ 时，反向关断电流的值到达 20kA，于是

$$20000 = i_\text{max}\cos(32\times10^{-6}\omega)$$

进而可求得 C 约为 1.4mF。

（三）仿真建模与计算

1. 主电路建模

主电路的仿真模型如图 3-112 所示，其中主电路电容 330mF，预充电压 880V，调波电感 110μH，忽略系统线路电阻。breaker 模块即为整个断路器模型，i_main 为主电路电流，u_VI 为断路器两端电压。

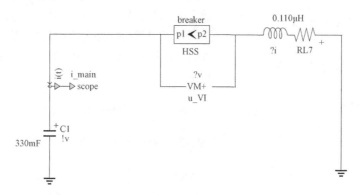

图 3-112　主电路仿真模型

2. 高速真空开关支路建模

接到分闸动作指令时，高速真空开关触头经机械延时后分离并产生电弧，压降约20V，在反向关断电流的作用下，真空开关支路电流过零，触头熄弧。如图 3-113 所示，可利用延时模块、理想开关、直流电压源等建立高速真空开关支路模型，当主电路电流达到短路电流设定值时，Delay 模块延时 130μs（模拟机械延时），然后理想开关cSW4 闭合、cSW6 断开，20V 直流电压源（模拟弧压）接入主回路，当真空开关支路电流为 0 时，理想开关 cSW5 断开，电弧熄灭，真空开关支路电阻、电感分别为0.05mΩ、0.1μH。

3. 二极管支路建模

二极管支路仿真模型由理想二极管、直流电压源（模拟二极管导通压降）、电感（模拟线路电感）、电阻（模拟线路电阻）串联而成，如图 3-114 所示。其中，二极管导通压降取1.8V，线路电感取 0.1μH，线路电阻取 0.1mΩ。

4. 全模型及分断波形

断路器及其主电路的全模型如图 3-115 所示。已知预充电压 1650V，通过解析估算，确定关断电感 7.5μH，然而由于估算时忽略了短路电流上升率及回路电阻，因此关断电容

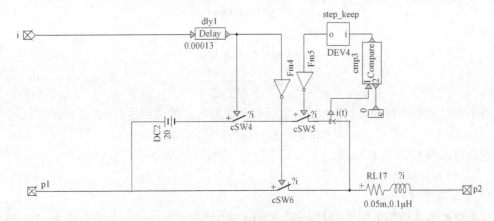

图 3 - 113　高速真空开关支路仿真模型

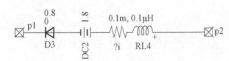

图 3 - 114　二极管支路仿真模型

容值的设计存在一定偏差。仿真时，在不改变电容预充电压及关断电感的情况下，基于电容能量最小原则，通过增加关断电容容值，确保真空开关零电压时间大于 $32\mu s$，进而得到关断电容容值为 $1.8mF$。

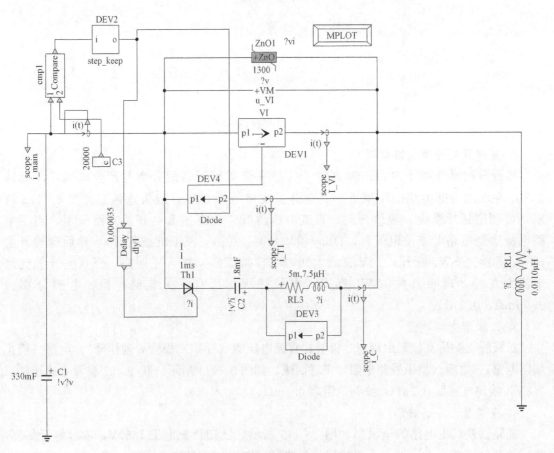

图 3 - 115　断路器及其主电路全模型

断路器分断仿真结果如图 3‐116 所示，可以看出，反向关断电流峰值约 24kA，真空开关支路电流的初始下降率约 220A/µs（案例要求关断电流上升率应在 220A/µs 以内），真空开关两端过电压峰值 2kV，真空开关的零电压时间约 35µs，显然，设计结果满足设计要求。

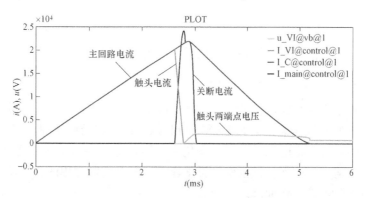

图 3‐116 断路器分断仿真结果

第四章 复杂场路专题

第一节 含石英砂熔体烧蚀过程建模及计算

一、问题引入

熔断器是一种电力系统常用保护器件，其内部结构如图 4-1 所示。当短路故障发生时，熔体狭颈处温度迅速升高至熔点，熔断器熔断起弧。试问：熔断器是怎样切除故障电流的呢？在故障回路中，如果把电弧看作一个变化的电阻，那么在整个电弧燃烧过程中，弧阻、弧压、电流又是如何变化的呢？该案例将尝试建立熔断器熔断过程的数学模型，从电弧燃烧机理入手，剖析熔断器的工作原理。

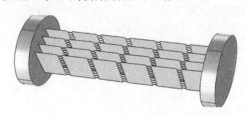

图 4-1 熔断器的内部结构图

二、课堂案例与讨论

（一）课堂案例

如图 4-2 所示，熔断器的熔体材料为银，结构参数包括：厚度 $h_y=0.2$mm，狭颈宽度 $a=0.5$mm，狭颈长度 $b=1.2$mm，节距 $l_y=10$mm，断口排数 $m=10$，每排端口狭颈个数 $n=16$，宽带宽度（熔体总宽度）$k_y=32$mm。

如图 4-3 所示，熔断器串联在电路回路中，已知：电容 $C=150$mF，电感 $L=140\mu$H，电阻 $R=8.5$mΩ，电容预充电压 $U_{C0}=1500$V。开关闭合瞬间，故障电流产生，熔断器被迫工作，切断故障电流，试计算回路电流 i、电容电压 U_C 以及电弧电压随时间的变化曲线，并完成实验对比。

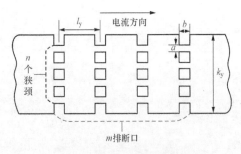

图 4-2 多断口熔体结构俯视图

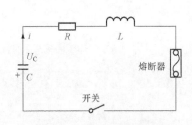

图 4-3 实验电路示意图

（二）课堂讨论

（1）猜想熔断器起弧后，电弧形态是如何变化的。

（2）尝试分析熔断器串联断口数增加以及宽带宽度增加对弧压有什么影响。

（3）尝试分析电弧电压与哪些因素有关，以及与电弧长度、厚度、温度的关系如何。

（4）仿真与实验结果存在误差，尝试分析误差与哪些因素有关。

三、数学模型

如图 4-3 所示，熔断器串联在回路中，故障发生时，熔断器熔断起弧，电弧是一种高温等离子体,此时回路中相当于串联了一个电阻,电弧形态的变化将引起电弧电阻的变化,进而影响电弧电压的变化,最终使得回路电流发生变化。因此,为了求解该案例,必须建立整个燃弧过程的数学模型,尤其关注电弧形态的变化。

想一想:被石英砂包裹着的熔体熔断后,会变成什么样子呢?

图 4-4 (a) 是一个单狭颈结构熔断器试品的熔体结构,在完成了电流分断实验之后,熔体烧蚀结果如图 4-4 (b) 所示,熔断器在燃弧过程中,与石英砂熔于一体,冷却后形成了纺锤体结构,其示意图如图 4-5 所示,熔体狭颈处最先起弧,之后高温电弧一方面使周围金属熔体熔化、气化,完成长度方向上的扩展,一方面使周围石英砂熔化、气化,完成厚度方向上的扩展。为此,本章将通过建立熔体烧蚀模型、石英砂烧蚀模型,分别计算电弧电阻的长度、厚度,然后通过建立电弧电压模型、外电路模型,进一步计算电弧电阻、电压、电流。

想一想:为什么电弧在长度方向上比在厚度方向上扩展得更长呢?为什么狭颈中心处的电弧厚度最厚呢?

(a)   (b)

图 4-4　烧蚀前后对比图

(a) 单狭颈熔体结构;(b) 熔体烧蚀结果

(一) 模型假设

通常,电弧电压由近极压降和弧柱压降两部分组成,由于近极压降区的长度仅为 10～30mm,因此,近极压降只取 30V。为了简化计算,现对燃弧过程做出如下假设:①电流均匀流过每个狭颈,所有狭颈同时起弧;②电弧的宽度为熔体的总宽度,即认为电弧仅在长度和厚度方向扩展;

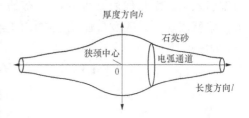

图 4-5　单狭颈熔体烧蚀示意图

③熔体温度到达气化点的部分认为是电弧区域;④电弧近极压降的电功率全部用于熔体的烧蚀,即电弧长度方向的扩展;⑤弧柱区的电功率主要用于石英砂的烧蚀,即电弧厚度方向的扩展。

(二) 物性参数设置

模型中涉及的参数较多,在这里进行统一说明。

相对于电导率随温度的变化而言,电弧密度、热导率、换热系数、定压比热随温度的变化很小,因此可将电弧密度、热导率、换热系数、定压比热均设定为常数。

由于电弧中存在少量熔断后形成的金属气体、石英砂气体等杂质,而少量的金属气体可

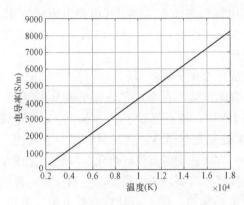

图 4-6　电弧电导率随温度变化曲线

显著提高空气游离程度，因此电弧电导率较纯净的空气电弧电导率会更大一些，电弧电导率随温度变化曲线如图 4-6 所示。

（三）数学模型

1. 熔体烧蚀模型

电弧近极压降的电功率全部用于熔体的烧蚀，导致电弧长度方向的扩展。根据热力学第一定律，可建立熔体烧蚀的电热平衡方程。模型中引入了焓变量，通过焓与温度的对应关系，求得温度的分布。当银熔体温度大于气化点温度时，认为该熔体扩展为电弧。

（1）建模对象。图 4-7 为熔体结构的 1/4 模型。

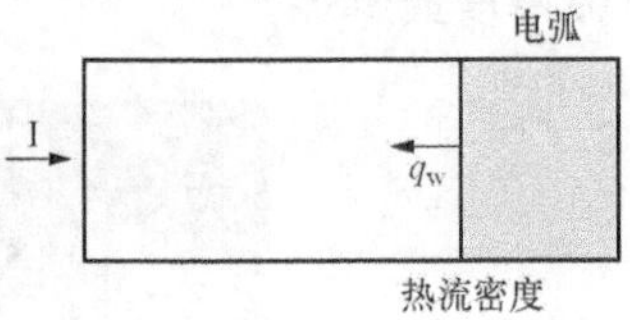

（2）电热平衡方程为

$$\frac{\partial(\rho_y H)}{\partial \tau} = \nabla(\lambda \nabla T) + \frac{\delta^2}{\gamma} \qquad (4-1)$$

其中，

$$H = h + \Delta H = \int_{T_0}^{T} C_p dT + \alpha L + \beta G \qquad (4-2)$$

$$\gamma = \frac{\gamma_0}{1 + k\Delta T} \qquad (4-3)$$

图 4-7　熔体 1/4 模型

式中：ρ_y 为密度；H 为焓；λ 为热导率；δ 为电流密度；γ 为电导率；h 为不考虑潜热物质的焓；ΔH 为考虑潜热的焓；C_p 为定压比热容；L 为熔化潜热；G 为气化潜热；α 为熔化流体分数；β 为气化气体分数；γ_0 为 0℃时电导率；k 为温度系数。

（3）潜热项处理。为获取银片温度分布，完成对银片熔化潜热和气化潜热的计算，该模型引入焓。焓是代表某种物质状态的参量，与变化途径无关，只要该物质的状态确定了，焓就确定了，表示单位质量物质的全部内能，其单位为 kJ/kg。焓包括两部分，其表达式为

$$H = h + \Delta H \qquad (4-4)$$

其中

$$h = h_0 + \int_{T_0}^{T} C_p dT \qquad (4-5)$$

式中：h 为不考虑潜热情况下物质的焓，可通过温升增量来计算焓的增量；h_0 为参考温度处的焓，由于模型中主要计算焓增量，与参考温度处的焓关系不大，因此可将其忽略；C_p 为定压比热容；T_0 为参考温度。

此外，

$$\Delta H = \alpha L + \beta G \qquad (4-6)$$

式中：L 为熔化潜热；G 为气化潜热；α 为熔化流体分数；β 为气化气体分数；ΔH 为潜热项。

在潜热过程中，随着能量的不断注入，焓增加但温度保持不变，为实现焓与温度的一一对应，假设在潜热阶段，温度发生了微小的变化，引入两个参数 α 和 β（$0 \leqslant \alpha$、$\beta \leqslant 1$），函数实现了温度与焓的相互转化。

$$\alpha = \begin{cases} 0 & (T < T_{sol}) \\ \dfrac{T - T_{sol}}{T_{liq1} - T_{sol}} & (T_{sol} < T < T_{liq1}) \\ 1 & (T > T_{liq1}) \end{cases} \tag{4-7}$$

$$\beta = \begin{cases} 0 & (T < T_{liq2}) \\ \dfrac{T - T_{sol}}{T_{liq1} - T_{sol}} & (T_{liq2} < T < T_{gas}) \\ 1 & (T > T_{gas}) \end{cases} \tag{4-8}$$

式中：T_{sol} 为熔体开始熔化时的温度；T_{liq1} 为熔体完全熔化时的温度；T_{liq2} 为熔体开始气化时的温度；T_{gas} 为熔体完全气化时的温度。

根据式（4-4）～式（4-8），可得到焓与温度一一对应的表达式 $H = f(T)$，可以实现焓与温度的相互转化，其曲线如图 4-8 所示，可以看出，在银的熔点和气化点附近，温度基本不变，而焓在增加，反映了银材料的潜热特性。

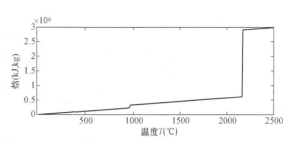

图 4-8 焓-温度曲线

（4）边界条件。与电弧接触边界的热流密度 q_{w1} 满足：

$$q_{w1} = \frac{Q}{S} = \frac{U_0 \cdot I}{k_y \cdot h_y}$$

对称边界的热流密度 q_{w2} 满足：

$$q_{w2} = \lambda \frac{\partial T}{\partial n} = 0$$

式中：Q 为近极压降功率；U_0 为近极压降；k_y 为银片宽度即电弧宽度；h_y 为银片厚度。

2. 石英砂烧蚀模型

电弧除了对银片烧蚀造成长度方向的扩展外，还会对周围石英砂烧蚀造成厚度方向的扩展，根据假设，弧柱电功率等于相应石英砂气化吸热的功率。模型假定电弧宽度等于熔体的总宽度，因此可由石英砂烧蚀模型求得电弧在厚度方向的扩展。

（1）一个时间步长内电弧切片对应烧蚀的石英砂体积如图 4-9 所示。

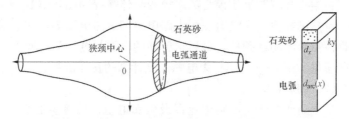

图 4-9 一个时间步长内电弧切片对应烧蚀的石英砂体积

（2）基本方程为

$$I^2 \frac{1}{\gamma} \frac{d_x}{d_{arc}(x) \cdot k_y} \Delta t = \rho_s \cdot \Delta V_s \cdot H_s \tag{4-9}$$

$$\Delta d_{\text{arc}}(x) = \frac{\Delta V_{\text{s}}}{k_{\text{y}} \cdot d_x} \qquad (4-10)$$

式中：$d_{\text{arc}}(x)$ 为 x 处电弧切片的厚度；H_{s} 为石英砂从常温到汽化的焓增量；$\Delta d_{\text{arc}}(x)$ 为 x 处电弧切片的新增电弧厚度；ΔV_{s} 为烧蚀的石英砂体积即新增的电弧体积；ρ_{s} 为石英砂密度；k_{y} 为熔体宽度；d_x 为电弧切片长度。

3. 电弧电压模型

由于电弧弧道是一个不规则的纺锤体形态，因此，电弧电压无法通过电阻表达式 $R = \rho \frac{l}{s}$ 计算求得，为此可将电弧切割成无限个薄片，如图 4-10 所示，先计算单个薄片的电阻，再通过积分累加求和得到总弧阻。

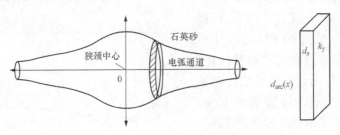

图 4-10 电弧弧道的切割

于是，弧柱压降的表达式为

$$U = n\left[U_{\text{b}} + I\int_0^{l_{\text{arc}}} \frac{1}{\gamma \cdot d_{\text{arc}}(x) \cdot k_{\text{y}}} d_x\right] \qquad (4-11)$$

式中：U_{b} 为单断口近极压降；$d_{\text{arc}}(x)$ 为 x 处电弧切片的厚度；l_{arc} 为单断口当前时刻弧长。

4. 外电路模型

根据图 4-3 的电路，可列写回路方程，即

$$U_{\text{c}} = I \cdot R + I \cdot \frac{\text{d}L}{\text{d}t} + U_{\text{arc}} \qquad (4-12)$$

式中：U_{c} 为电容电压；R 为线路等效内阻；L 为线路等效电感。

四、基于有限差分法数值计算与实验验证

（一）程序流程

该案例可利用自编程实现对上述模型的求解，具体流程如图 4-11（a）所示，首先给定基本的电路参数，包括电容值、充电电压、电路电感和电路电阻等，然后输入起弧时刻温度分布、电流值及物性参数等初始条件，最后求解新的电弧长度、弧道厚度、电弧温度、电弧电压和电路电流等参量。图 4-11（b）为电弧长度计算的程序流程。

（二）仿真结果及实验对比

电弧电压的大小主要取决于主回路电流以及电弧电阻，而弧阻的大小和电弧形态有关，即电弧的长度和厚度，相关参变量的仿真与实验结果如图 4-12 所示。

可以看出，仿真计算所得到的电弧电压、电流与实测结果吻合度较好，仿真得到的弧道形态也为纺锤体结构，且弧道长度、弧道中心厚度与实验结果较为接近。图 4-12（d）为实验得到的熔体烧蚀后的残躯，沿熔体长度方向对弧道中心处进行切割，可通过高倍镜观察熔体烧蚀时的电弧弧道。

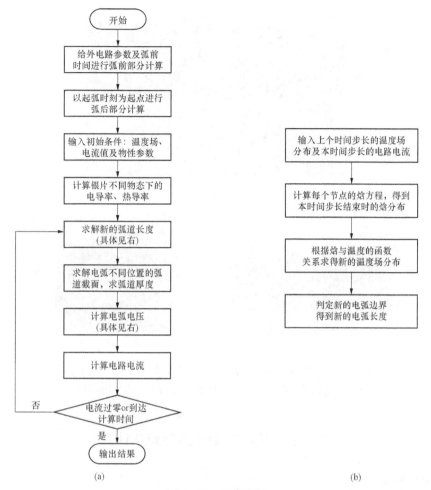

图 4-11　程序流程

（a）数学模型解算程序流程；（b）弧道长度计算程序流程

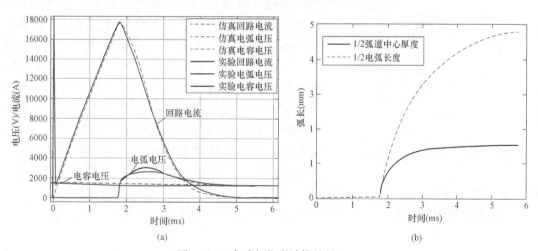

图 4-12　实验与仿真计算结果（一）

（a）电压、电流随时间变化曲线；（b）弧长、弧道中心厚度随时间变化曲线

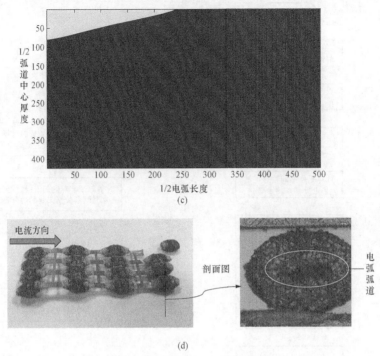

图 4 - 12 实验与仿真计算结果（二）

(c) 1/4 电弧弧道形态；(d) 熔体烧蚀弧后残躯及电弧弧道轴向剖面

第二节　狭缝运动电弧建模及计算

一、问题引入

开断器是电力系统保护装置之一，通常串联在系统回路中，可根据系统额定电流将

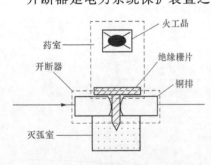

图 4 - 13　开断器结构示意图

其内阻设计得很小，以降低通态损耗，开断器结构示意如图 4 - 13 所示，当短路故障发生时，开断器顶部的火药发出点火信号，火药燃烧产生的巨大推力推动圆管形绝缘栅片快速运动，切断铜排桥臂产生狭缝电弧，随着电弧的拉长、冷却，开断器两端形成足够的电弧电压，进而分断短路电流。狭缝电弧电压、系统回路电流如何随着电弧形态的变化而变化呢？该案例将尝试建立狭缝运动电弧的数学模型并对电弧运动形态、电弧温度分布及电弧电压的形成过程展开分析。

二、课堂案例与讨论

（一）课堂案例

如图 4 - 14 所示，左右通流的铜排通过一块薄金属片焊接在一起，已知圆管形栅片外径 D 为 15mm，与外管壁之间的狭缝厚度 H 为 0.12mm，设计切断银片后的运动长度 $l=$ 8mm，栅片的预计平均运动速度 $v=40\text{m/s}$。

为了建立完整的狭缝电弧数学模型并对计算结果进行验证，现构建如图4-15所示的测试电路，开断器串联在电路回路中，电感$L=16\mu H$，电阻$R=51.5m\Omega$，电容充电电压$U_C=600V$，当短路电流到达预定值10kA时，开断器动作，切断故障电流。尝试计算电弧电压U_{arc}、电流I随时间变化曲线。

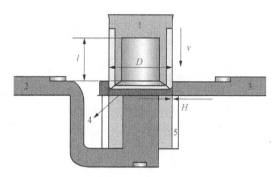

图4-14　开断器结构剖面图
1—绝缘栅片；2、3—通流铜排；
4—薄金属片；5—外绝缘套管

（二）课堂讨论

（1）猜想栅片切断铜排桥臂后，电弧形态将如何变化。

（2）尝试分析电弧电压与哪些因素有关。

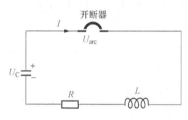

图4-15　实验电路示意图

（3）尝试分析栅片运动速度、位移对分断性能的影响。

（4）仿真与实验结果存在误差，尝试分析误差与哪些因素有关。

三、数学模型

电弧是一种高温等离子体，电弧形状、温度等的变化都将引起电弧电阻的变化，进而影响电弧电压的变化，最终使得回路电流发生变化。请思考电弧电阻与普通金属导体的电阻有什么不同之处呢？

开断器分断短路电流过程中，狭缝运动电弧弧柱的几何形状可以近似地简化为一沿栅片运动方向不断增长的圆筒栅片，如图4-16所示，假设栅片运动过程中，内外环同心度保持良好，且不考虑加工误差，那么电弧弧柱截面可假定为理想圆环。

（一）模型假设

狭缝运动电弧具有弧柱形状可控、边界明确和燃弧时间短的特点，且不存在磁驱过程，为了减小仿真计算的复杂性，现对燃弧过程做出如下假设：①不考虑电弧的起始产生过程；②与弧柱区相比，电弧两极与铜排接触的近极区电弧是发散的，因此忽略近极区的影响，用近极压降$U_e=30V$代替，只计算弧柱区部分；③狭缝足够窄，忽略电弧对流散热和热辐射，认为弧柱内部和边界均是热传导过程；④忽略电弧两极与铜排接触的

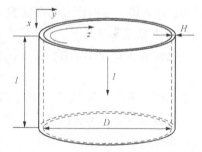

图4-16　狭缝电弧形状示意图

热量损失，视作热绝缘，认为电弧热量仅传给两侧绝缘壁面，温度仅沿电弧厚度y方向变化，弧长x方向温度处处相等。

（二）物性参数设置

由于电弧密度的变化对计算结果影响不大，为了简化计算，可取电弧在一个大气压下、1200～30 000K范围内的密度平均值作为电弧密度常值，电弧定压比热、热导率也可设为常值。由于该案例实验条件接近外界大气压，因此可仅考虑一个标准大气压下电弧电导率随温度的变化。

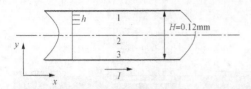

图 4 - 17　一半弧柱截面几何模型

1、3—弧柱与绝缘壁面边界；2—弧柱中心线

（三）数学模型

依据假设④，电弧温度在 y 方向上是关于弧柱中心线对称分布的，如图 4 - 17 所示，因此现取弧柱的一半进行建模，沿弧柱厚度方向，进行网格剖分，每一个电弧微元即一个与弧柱同心、但内外径不同的圆环。

1. 一维电热场方程

根据热力学第一定律，可列写弧厚方向上的一维电热场方程为

$$\rho c \frac{\partial T}{\partial t} = \nabla(\lambda \nabla T) + S_{\mathrm{u}} \tag{4 - 13}$$

式中：ρ 为电弧密度，kg/m³；c 为电弧比热容，J/（kg・K）；λ 为电弧热导率，W/（m・K）；S_{u} 为一个电弧微元产生的电功率。

设定与电弧相接触的绝缘壁面温度为一类边界，中心温度为二类边界，即垂向热流密度为 0。

式（4 - 13）中，S_{u} 表示一个电弧微元产生的电功率，即

$$S_{\mathrm{u}} = E \cdot \delta_{\mathrm{i}} \tag{4 - 14}$$

式中：E 为电弧微元的电场强度，V/m；δ_{i} 为电弧微元的电流密度，A/m²。

根据欧姆定律，电流密度与电场强度的关系可表示为

$$\delta_{\mathrm{i}} = \gamma_{\mathrm{i}} \cdot E \tag{4 - 15}$$

式中：γ_{i} 为电弧微元电导率，S/m，随温度的变化而变化。

若已知开断器几何尺寸以及电弧电流 I，则式（4 - 15）可变为

$$E = \frac{I}{\sum S \gamma_{\mathrm{i}}} \tag{4 - 16}$$

式中：S 为每个电弧微元的截面积，m²。

2. 电弧电压方程

电弧电压 U_{arc} 由弧柱区电压 U_{z} 和两端近极压降 U_{e} 构成，即

$$U_{\mathrm{arc}} = U_{\mathrm{z}} + U_{\mathrm{e}} \tag{4 - 17}$$

其中，两端近极压降 U_{e} 取定值 30V。

根据假设④，电弧温度沿长度方向（电流流向）不变，因此电弧沿长度方向为匀强电场，弧柱区电压 U_{z} 可表示为

$$U_{\mathrm{z}} = E \cdot l \tag{4 - 18}$$

其中，l 为电弧被拉长的长度，单位为 m，l 可表示为

$$l = vt \tag{4 - 19}$$

3. 外电路方程

依据图 4 - 15，可列写外电路方程为

$$U_{\mathrm{C}} = U_{\mathrm{arc}} + R \cdot I + L \frac{\mathrm{d}I}{\mathrm{d}t} \tag{4 - 20}$$

图 4 - 15 中，由于电容值较大，且开断器整个分断过程仅为毫秒级，因此可将电容电压视为一恒压源。

联立式（4-13）～式（4-20），可求得开断器狭缝电弧电压、电流以及电弧各点物性参数随时间的变化。

四、基于有限差分法数值计算与实验验证

（一）程序流程

该案例可采用有限差分法通过自编程对上述模型进行求解，具体流程如图4-18所示。首先给出基本的电路参数及初始时刻电弧的物性参数，给定电流初始值及初始时刻电弧的温度分布，计算当前时刻对应的电弧电导率；然后计算当前时刻的电场强度，进一步求得电弧微元的电热功率密度；再根据瞬态电热场方程求得下一时刻每个电弧微元的温度，进而求得下一时刻每个电弧微元的电导率、电场强度；将电弧运动速度代入，根据电场强度、弧长与弧压的关系求得下一时刻的电弧电压；将弧压代入外电路方程求得下一时刻的电流；按照上述循环过程不断推得新时刻的电弧电压、电流，直至电流过零或计算至给定时间，跳出循环，输出仿真结果。

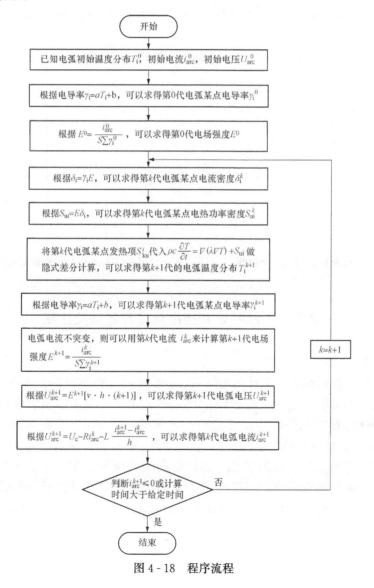

图4-18　程序流程

（二）仿真结果及实验对比

电弧电压、电流以及电弧电阻、弧柱中心温度的仿真计算结果如图 4 - 19～图 4 - 21 所示。可以看出，仿真计算所得到的电弧电压、电流与实测结果基本吻合。

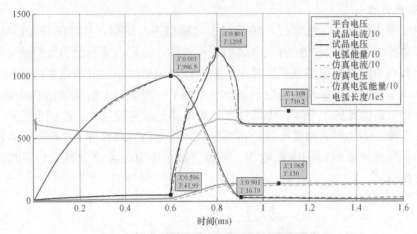

图 4 - 19　电弧电压、电流随时间变化曲线

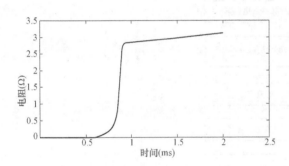

图 4 - 20　电弧电阻随时间变化曲线

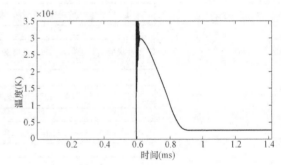

图 4 - 21　弧柱中心温度随时间变化曲线

第三节　晶闸管开通电热过程建模及计算

一、问题引入

晶闸管极限浪涌电流大、正反向电压高、体积小巧、控制简单、价格低廉，应用于混合型直流限流断路器优势显著。在极限短路电流冲击下，采用晶闸管强迫关断技术的混合型直流限流断路器要求晶闸管能够能耐受大幅值（＞20kA）、高 di/dt（＞200A/μs）、窄脉宽（400μs）的脉冲电流。实验证明，晶闸管在窄脉宽大冲击电流下若因选型不合理往往会出现局部过热击穿损坏的现象。温度是衡量晶闸管工作状态的重要指标，通过仿真手段获取晶闸管的温升对预估晶闸管的通流能力，进而对晶闸管器件合理选型至关重要。目前常用晶闸管的封装结构有塑壳式和平板式两种，结构图和实物拆解图如图 4 - 22、图 4 - 23 所示。

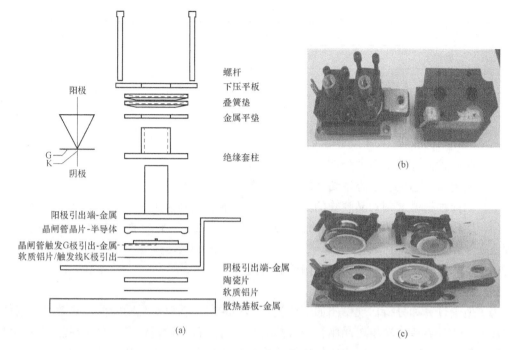

图 4 - 22　塑壳式晶闸管结构图和实物拆解图

（a）封装结构图；（b）外部拆解图 1；（c）外部拆解图 2

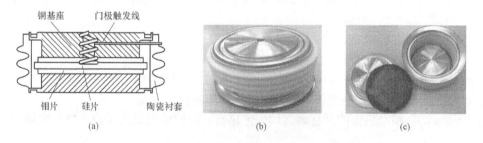

图 4 - 23　平板式晶闸管结构图和实物拆解图

（a）封装结构图；（b）实物；（c）实物拆解图

二、课堂案例与讨论

（一）课堂案例

晶闸管的简化结构如图 4 - 24 所示，晶闸管模型的主要参数见表 4 - 1。晶闸管的开通过程是电流从门极逐渐向阴极扩展的过程，载流子扩展 1cm 的长度一般需时 $100\sim200\mu s$，假设晶闸管以恒定速度开通，通过实验获得其开通速度 $v =$

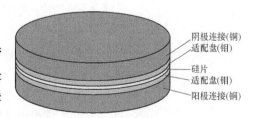

图 4 - 24　晶闸管简化结构

100m/s，已知外界电路对硅芯片的注入功率近似于正弦半波，$P = 10^6 \sin(12\times10^3 t), t \in (0, 5e^{-4}s)$，试计算晶闸管在开通过程中的温度分布。

材料名称	厚度（mm）	直径（mm）
硅片	0.4	35
阴/阳极钼片	1.5	35
阴/阳极铜片	7.5	35

（二）课堂讨论

（1）晶闸管硅芯片上温度分布为何不均匀？

（2）晶闸管硅芯片和中心轴切面的温度分布情况如何？

（3）如何根据温度判别晶闸管的工作状态？晶闸管最容易出现热击穿的区域在哪里？

（4）比较脉宽分别为 10ms、1ms、500μs，幅值为 20 倍平均通态电流的浪涌电流，晶闸管温度分布的区别是什么？

（5）电流已知情况下，如何对晶闸管进行选型？

三、数学模型

为了便于计算和分析，现做出如下假设：①外界注入功率对晶闸管的加热效果仅仅体现在硅片上；②外界注入功率对晶闸管的加热时间只有几百微秒，仅考虑热量在晶闸管器件热沉的内部传导，忽略底座与周围空气的热交换，忽略从硅片、钼片和铜基座圆柱侧面通过晶闸管内部硅凝胶散失的热量。

基于假设①，根据热传导理论，硅片上温度场 $T(x, y, z, t)$ 的导热微分方程可以表示为

$$\text{div}(\lambda \nabla T) + q = \rho c \frac{\partial T}{\partial t} \tag{4-21}$$

式中：T 为温度场 $T(x, y, z, t)$；t 为时间；λ 为介质热导率；ρ 为介质密度；c 为介质比热容；q 为热源，表示脉冲电流流经硅片时产生的热损耗。

基于假设②，整个模型的圆柱表面均为绝热面，因此可用第二类边界条件来描述，即

$$\frac{\partial T}{\partial \vec{n}} = 0 \tag{4-22}$$

式中：$\vec{n}$ 为接触面的法线方向。

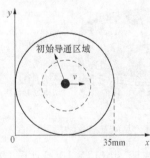

图 4 - 25　晶闸管开通
扩散过程图

由于晶闸管以恒速开通，外界注入功率在硅片上的扩展过程导致芯片热量分布不均匀，因此需要根据晶闸管开通扩散过程对热源 q 进行分析处理。

晶闸管从门极已开通区域向两侧扩展，扩展过程如图 4 - 25 所示。

假设电流扩展速度为恒值，任意时刻 t 硅片上的开通区域的扩展半径为

$$R(t) = r_0 + vt \tag{4-23}$$

式中：r_0 为初始开通区域半径；v 为电流扩展速度。

开通区域体积为

$$V(t) = \pi(r_0 + vt)^2 h \tag{4-24}$$

式中：h 为晶闸管硅片厚度。

假设已开通区域的电流密度分布均匀，则已开通的功率密度为

$$w(t) = \frac{P(t)}{V(t)} \tag{4-25}$$

式中：$P(t)$ 为硅片上的外界注入功率。

对于硅片上任意一点，当开通区域未扩展到该点时，此点的耗散功率为 0；当开通区域扩展到该点时，此处的功率密度为 $w(t)$。那么硅片上半径为 r 处的任一点在任意时刻的功率密度 $W(r,t)$ 可以表示为如下函数：

$$W(r,t) = \frac{|r_0 + vt - r| + (r_0 + vt - r)}{2|r_0 + vt - r|} w(t) \tag{4-26}$$

用该不均匀分布的耗散功率密度作为硅片的热源 q。

四、仿真建模与计算

利用有限元软件仿真建模可得到晶闸管温度场的空间分布。以开通过程中某一时刻晶闸管温度场的空间分布为例，硅芯片上的温度分布如图 4-26 所示，中心轴切面的温度分布如图 4-27 所示。

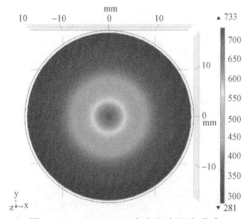

图 4-26　$t=100\mu s$ 时硅芯片温度分布

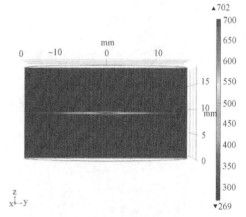

图 4-27　中心轴切面温度分布

附件 4-1

1. 全局参数、变量和函数设定

按照图 4-28 设置全局参数。

按照图 4-29 设置全局变量。

晶闸管开通过程温升
计算 - 仿真录频

图 4-28　设置全局参数

变量
名称 表达式 单位 描述
R0 v*t m the expanding radiu
S pi*(R0+r0)^2 m² the expanding area
V S*hd m³ the expanding volume

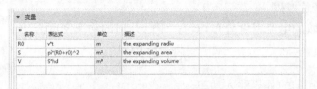

图 4-29 设置全局变量

定义扩展中密度、扩展后密度、功率密度、扩散密度、扩展中的电阻等函数，分别如图 4-30～图 4-32 所示。

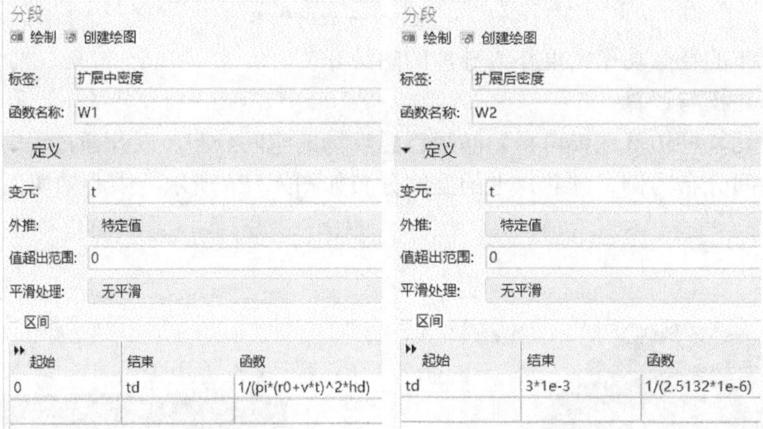
分段
绘制 创建绘图
标签: 扩展中密度
函数名称: W1
定义
变元: t
外推: 特定值
值超出范围: 0
平滑处理: 无平滑
区间
起始 结束 函数
0 td 1/(pi*(r0+v*t)^2*hd)
分段
绘制 创建绘图
标签: 扩展后密度
函数名称: W2
定义
变元: t
外推: 特定值
值超出范围: 0
平滑处理: 无平滑
区间
起始 结束 函数
td 3*1e-3 1/(2.5132*1e-6)

图 4-30 定义扩展中密度与扩展后密度

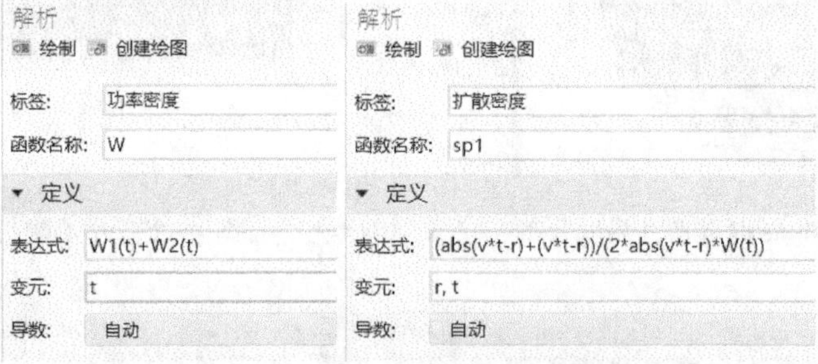
解析
绘制 创建绘图
标签: 功率密度
函数名称: W
定义
表达式: W1(t)+W2(t)
变元: t
导数: 自动
解析
绘制 创建绘图
标签: 扩散密度
函数名称: sp1
定义
表达式: (abs(v*t-r)+(v*t-r))/(2*abs(v*t-r)*W(t))
变元: r, t
导数: 自动

图 4-31 定义功率密度与扩散密度

2. 创建几何模型

为便于仿真运算，将三维对称模型等效为二维轴对称模型，如图 4-33 所示。

3. 定义材料属性

如图 4-34 所示，选中相应几何实体，定义材料属性。

4. 选择物理场并设置边界条件

晶闸管热源加载方程为

$$\mathrm{div}(\lambda \nabla T) + q = \rho c \frac{\partial T}{\partial t}$$

脉冲电流对晶闸管的加热效果仅仅体现在硅片上，如图 4-35 所示。其中 cir. R1 _ i、cir. R1 _ v 分别是电场模型中晶闸管两端的电流、电压，如图 4-36 所示。

解析
绘制
创建绘图
标签:
扩展中的电阻
函数名称:
Rt
定义
表达式:
sigma*hd/(pi*(r0+v*t)^2)
变元:
t
导数:
自动

图 4-32 定义扩展中的电阻

mm
20
18
16
14
12
10
8
6
4
2
0
-2
r=0
0
10
20 mm

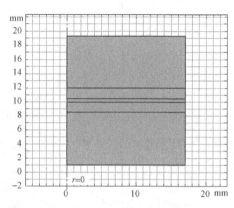

图 4-33 创建几何模型

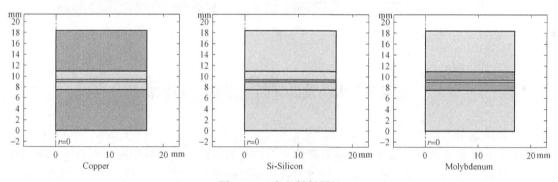

Copper
Si-Silicon
Molybdenum

图 4-34 定义材料属性

mm
r=0
0
10
20 mm

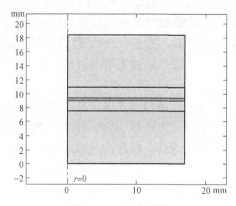

图 4-35 选中硅片

图 4-36　设置热源

脉冲电流对晶闸管的加热时间只有几百微秒，仅考虑热量在晶闸管器件热沉的内部传导，忽略底座与周围空气的热交换，忽略从硅片、钼片和铜基座圆柱侧面通过晶闸管内部硅凝胶散失的热量。因此，模型的所有边界均设为热绝缘，如图 4-37 所示。

5. 网格剖分

常规网格剖分如图 4-38 所示。

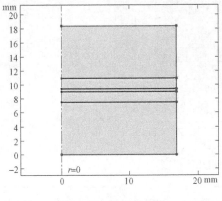

图 4-37　设置热绝缘

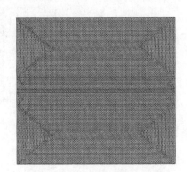

图 4-38　常规网格剖分

第四节　火药辅助开断过程建模及计算

一、问题引入

高速开断器是混合型熔断器的重要部件之一，火药辅助开断是利用火药燃烧生成的高温高压气体对外做功，做功过程柔和，可以有效提升熔断器的经济性、适装性。火药辅助开断涉及火药燃烧、气体生成、状态变化、能量转换等燃烧和热力学过程。为了系统分析火药燃烧质量、温度、压力、内能等性能参数对开断器运动部件速度、位移等特性的影响，该案例将建立火药辅助开断过程的数学模型，并基于迭代算法通过自编程对模型进行数值求解。

二、课堂案例与讨论

（一）课堂案例

火药辅助高速开断器的结构示意如图 4-39 所示，故障发生时，火药被引燃，在腔室内产生高温、高压气体推动栅片快速运动，栅片切割银片实现高速开断。

已知：火药燃烧腔室结构包括腔室内径，腔室长度；运动栅片截面积，质量；药粒为单孔药，具体结构如图 4-40 所

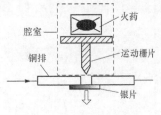

图 4-39　火药辅助高速
开断器的结构示意图

示，D 为火药的直径，d 为孔的直径，$2e_1$ 为筒状火药的壁厚，$2c$ 为火药的高度；火药质量，火药密度，火药燃烧气体（简称燃气）常数，火药在单位压力下的燃速，火药燃烧值，燃烧效率；摩擦阻力；栅片最大位移。

试求解：①腔室内压力变化曲线；②运动栅片位移曲线。

（二）课堂讨论

（1）尝试分析投入总药量减半后栅片的运动情况。

（2）尝试分析定容燃烧即火药燃烧腔室体积一定时，开断过程以及运动结果如何。

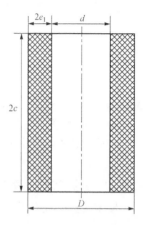

图 4-40 筒状火药结构

三、数学模型

（一）模型假设

火药辅助开断器开断涉及火药燃烧、气体生成、状态变化、能量转换等燃烧和热力学过程，由于整个做功时间非常短，为亚毫秒级别，为了简化计算，现做如下假设：①火药燃烧符合几何燃烧规律；②各个药粒燃烧环境为平均压力，且满足燃烧速度定律；③做功过程中气密性良好，不出现任何漏气现象；④火药燃烧成气体的转化率为百分之百；⑤做功过程为绝热，即忽略燃气与腔壁之间的热传导。

（二）基本方程

以下所有方程均是关于时间 t 的微分方程。

1. 能量守恒方程

火药燃烧增加腔室内能，同时推动栅片运动。根据能量守恒，考虑到绝热的假设，腔室内能的变化量等于火药燃烧热能的变化量减去栅片动能的变化量。

$$\mathrm{d}U_c = \mathrm{d}Q_e - \mathrm{d}L_t \tag{4-27}$$

式中：U_c 为腔室内能；Q_e 为火药燃烧热能；L_t 为栅片运动动能。

2. 腔室内能相关方程

火药燃烧后，腔室内充斥大量燃气，腔室内能与温度之间满足：

$$T_c = \frac{U_c}{c_v m_c} \tag{4-28}$$

式中：T_c 为腔室温度；m_c 为腔室燃气质量；c_v 为燃气定容比热容。

已知，比热容基本变换关系为

$$\begin{cases} c_P = c_{P,m}/M \\ c_v = c_{v,m}/M \\ c_{P,m} - c_{v,m} = R \\ k = c_P/c_v = c_{P,m}/c_{v,m} \end{cases} \tag{4-29}$$

式中：c_P 为定压比热容；c_v 为定容比热容；$c_{P,m}$ 为摩尔定压比热容；$c_{v,m}$ 为摩尔定容比热容；M 为摩尔质量；R 为气体常数；k 为绝热系数。

已知，气体状态方程为

$$pV = nRT \tag{4-30}$$

式中：p 为气体压强；V 为气体体积；n 为气体物质的量；T 为体系温度。

将比热容基本变换关系式（4 - 29）代入气体状态方程（4 - 30），可得火药燃气压强为

$$p_c = \frac{(k-1)U_c}{V_c} \tag{4 - 31}$$

式中：V_c 为腔室内燃气体积。

腔室中燃气体积与栅片运动行程有关，体积变化量为

$$dV_c = \begin{cases} \dfrac{dm_c}{\rho_1} + S_h dh_p, & h_p < H_c \\[2mm] \dfrac{dm_c}{\rho_1}, & h_p \geqslant H_c \end{cases} \tag{4 - 32}$$

式中：ρ_1 为火药密度；S_h 为栅片截面积；H_c 为腔室长度；h_p 为腔室行程。

3. 火药燃烧相关方程

火药燃烧产生的燃烧热能变化量为

$$dQ_e = E_q Q_b dm_c \tag{4 - 33}$$

式中：E_q 为火药燃烧效率；Q_b 为火药单位质量的燃烧热值。

根据火药燃烧规律，火药柱的燃烧方程为

$$dm_c = u_{10} S_Y \rho_1 P_c^{0.7} \tag{4 - 34}$$

式中：u_{10} 为火药在单位压力下的燃烧速度，其大小由火药性质决定；S_Y 为燃烧过程中火药柱的表面积；P_c 为火药燃烧腔室中的压力。

4. 栅片运动相关方程

推动栅片运动动能功率方程为

$$dL_t = S_h p_c v_p \tag{4 - 35}$$

栅片加速度表达式为

$$dv_p = \frac{S_h p_c - F_f}{m_t} \tag{4 - 36}$$

栅片速度与运动行程关系为

$$dh_p = v_p \tag{4 - 37}$$

式中：S_h 为栅片表面积；h_p 为栅片行程；v_p 为栅片运动速度；m_t 为栅片质量；F_f 为运动过程中的摩擦力。

上述方程描述了火药燃烧产气推动栅片做功的内弹道过程，想一想：开断器的结构参数如何影响栅片的运动特性？

四、基于迭代算法数值计算

采用解析方法对上述关于时间 t 的常微分非线性方程组进行求解存在一定的困难，该案例将采用迭代算法通过自编程完成对方程组的求解，程序流程如图 4 - 41 所示。在所建立的火药做功的数学模型中，选用适当的时间步长，通过前一个时间步长的值递推求解下一步的数值。

仿真所得到的腔室压力 - 时间、栅片速度 - 时间、栅片位移 - 时间曲线如图 4 - 42 所示。由腔室压力 - 时间曲线可以看出，前期压力近似指数上升，随着栅片运动行程的增加，腔室空间增大，因此后期压力下降。同样，由栅片速度 - 时间曲线可以看出，前期速度增长率大，后期增长率小，但是，因为作用于栅片上的压力远大于摩擦阻力，所以栅片速度一直呈现增长趋势，栅片位移 - 时间曲线呈现位移增长率逐渐增大的凹函数曲线

形式。

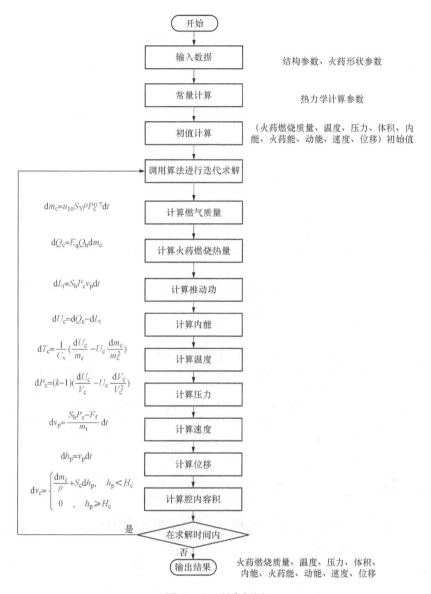

图 4-41　程序框图

五、实验验证

为了验证仿真模型的正确性，该案例对火药辅助高速开断器进行了开断特性的测试，实验线路如图 4-43 所示，对电容 C_0 预充电，触发晶闸管，i_0 为火药点火回路电流，R_0 为火药点火桥丝电阻，U_0 为桥丝电阻两端电压，采用高速相机对栅片运动过程进行拍摄。

运动栅片位移-时间曲线仿真与实验的对比结果如图 4-44 所示，分析发现仿真与实验曲线的一致性较好，栅片在 0.3ms 运动了约 5.54mm，速度为 18.5m/s。

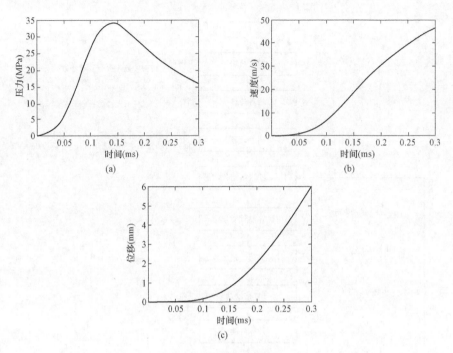

图 4 - 42　数值计算结果

（a）腔室压力 - 时间曲线；（b）栅片速度 - 时间曲线；（c）栅片位移 - 时间曲线

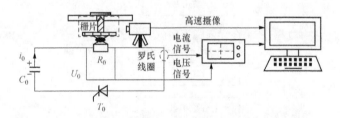

图 4 - 43　火药辅助高速开断器开断特性测试线路

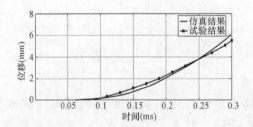

图 4 - 44　运动栅片位移 - 时间曲线仿真与实验的对比结果

附录 A 研究报告：L 形银片冷态电阻计算

一、课堂案例

熔断器熔体结构如图 A1 所示，为了计算熔体的冷态电阻，可先计算熔体单个狭颈 1/4 区域（案例实物见图 A2）的冷态电阻。如图 A3 所示，对该银片通以恒定电流 I，已知 $U_{bd} = 0.01\text{V}$，银片厚度 0.1mm，$b = c = 45\text{mm}$，$a = d = e = f = 22.5\text{mm}$。

图 A1 熔断器熔体结构

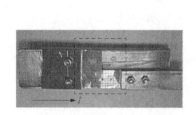

图 A2 熔体单个狭颈 1/4 区域
结构（案例实物图）

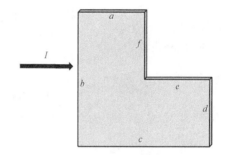

图 A3 L 形银片结构示意图

二、基本方程推导

与电路中的欧姆定律、基尔霍夫电流定律、基尔霍夫电压定律类似，恒定电场中也有三大定理，即欧姆定律、电流连续性定理、环路定理。

$$\begin{cases} \vec{j} = \gamma \cdot \vec{E} \\ \oint_s \vec{j} \cdot \vec{ds} = 0 \\ \oint_l \vec{E} \cdot \vec{dl} = 0 \end{cases}$$

式中：$\vec{j}$ 为电流密度，A/m^2；$\vec{E}$ 为电场强度，V/m；γ 为电导率，S/m。

为了便于变量的求解，需将上述积分型转化为微分型。

由高斯公式可推得：

$$\oint_s \vec{j} \cdot \vec{ds} = 0 \Rightarrow \int_V \nabla \cdot \vec{j} \cdot \text{d}V = 0 \Rightarrow \nabla \cdot \vec{j} = 0$$

由斯托克斯公式可推得：

$$\oint_l \vec{E} \cdot \vec{dl} = 0 \Rightarrow \int_s \nabla \times \vec{E} \cdot \vec{ds} = 0 \Rightarrow \nabla \times \vec{E} = 0 \Leftrightarrow \vec{E} = -\nabla \varphi$$

其中，∇ 为哈密顿算子、$\nabla \cdot \vec{j}$ 为电流密度的散度、$\nabla \times \vec{E}$ 为电场强度的旋度、$\nabla \varphi$ 为电位梯度。

该案例中，由于 L 形银片通流很小，可以不考虑电导率随温度的变化，因此联立以上方程可推得恒定电场的拉普拉斯方程为

$$\nabla^2 \varphi = 0$$

三、二维坐标系下的数学模型

根据电流 I 的流向，L 形银片在厚度方向上无电荷移动，因此可构建如图 A4 所示的几何模型。

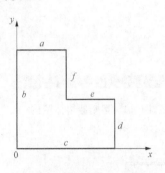

图 A4 L 形银片在二维直角
坐标系下的几何模型

将基本方程在二维直角坐标系下展开，由于

$$\nabla = \frac{\partial}{\partial x}\vec{e}_x + \frac{\partial}{\partial y}\vec{e}_y$$

$$\nabla \varphi = \frac{\partial \varphi}{\partial x}\vec{e}_x + \frac{\partial \varphi}{\partial y}\vec{e}_y$$

那么：

$$\nabla \cdot (\nabla \varphi) = \frac{\partial^2 \varphi}{\partial x^2} + \frac{\partial^2 \varphi}{\partial y^2} = 0$$

第一类边界条件：

$$\varphi_b = 0.1\text{V}$$
$$\varphi_d = 0$$

第二类边界条件：

$$\frac{\partial \varphi_a}{\partial y} = \frac{\partial \varphi_c}{\partial y} = \frac{\partial \varphi_e}{\partial y} = 0$$

$$\frac{\partial \varphi_f}{\partial x} = 0$$

四、基于有限差分法的仿真计算

（一）网格剖分

对整个需要计算的区域进行网格剖分，如图 A5 所示，用节点上的函数值来代替节点所在网格区域的值。用等间距的、平行于坐标轴的正方形网格对需要求解的区域进行划分，网格的边长 h 为 0.5mm。

（二）方程离散

已知一阶偏微分 $\frac{\partial \varphi}{\partial x}$ 的差分形式如下，每一个网格宽度为 h。

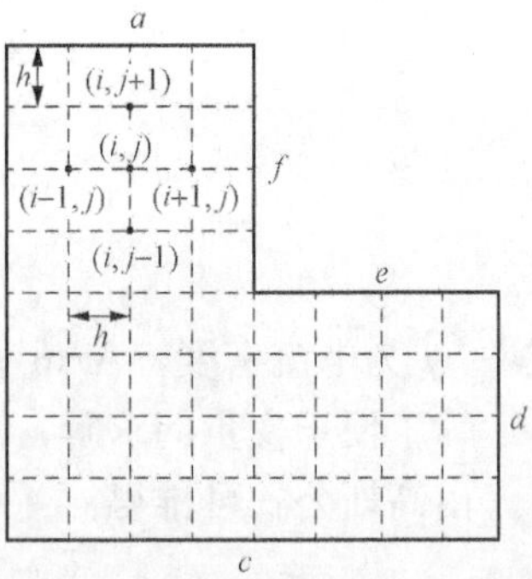

前向差分为 $\frac{\varphi_{(i+1,j)} - \varphi_{(i,j)}}{h}$。

后向差分为 $\frac{\varphi_{(i,j)} - \varphi_{(i-1,j)}}{h}$。

中心差分为 $\frac{\varphi_{(i+1,j)} - \varphi_{(i-1,j)}}{2h}$。

为了得到二阶偏微分的差分形式，可在点 (i, j) 周围

图 A5 网格剖分

取四个虚拟点 $(i, j-0.5)$、$(i, j+0.5)$、$(i-0.5, j)$、$(i+0.5, j)$，如图 A6 所示。

那么，二阶偏微分 $\frac{\partial^2 \varphi}{\partial x^2}$ 的差分形式可表示为 $\frac{\frac{\partial \varphi}{\partial x}_{(i+0.5,j)} - \frac{\partial \varphi}{\partial x}_{(i-0.5,j)}}{h}$。

由图 A6 可知，$\frac{\partial \varphi}{\partial x}_{(i+0.5,j)}$、$\frac{\partial \varphi}{\partial x}_{(i-0.5,j)}$ 的差分形式分别为 $\frac{\varphi_{(i+1,j)} - \varphi_{(i,j)}}{h}$、$\frac{\varphi_{(i,j)} - \varphi_{(i-1,j)}}{h}$。

于是，$\dfrac{\partial^2 \varphi}{\partial x^2}$ 的 差 分 形 式 可 表 示

为 $\dfrac{\varphi_{(i+1,j)} + \varphi_{(i-1,j)} - 2\varphi_{(i,j)}}{h^2}$ 。

最终，拉普拉斯方程的离散化形式可表示为

$$\varphi_{(i,j)} = \frac{1}{4}\left[\varphi_{(i,j+1)} + \varphi_{(i,j-1)} + \varphi_{(i+1,j)} + \varphi_{(i-1,j)}\right]$$

边界条件的离散化形式可表示：

（1）对于第一类边界条件，其离散化形式为

$$\varphi_{(i,j)}\big|_b = 0.1\text{V}; \varphi_{(i,j)}\big|_d = 0\text{V}$$

（2）对于第二类边界条件，a、e 边离散化形式为

$$\varphi_{(i,j)} = \varphi_{(i,j-1)}$$

c 边离散化形式为

$$\varphi_{(i,j)} = \varphi_{(i,j+1)}$$

f 边离散化形式为

$$\varphi_{(i,j)} = \varphi_{(i-1,j)}$$

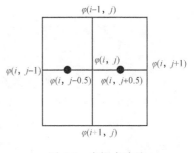

图 A6　虚拟点取法

（三）迭代法求解思路

程序流程如图 A7 所示。

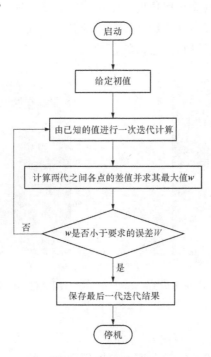

图 A7　程序流程图

（四）仿真结果

1. 电位

电位分布如图 A8 所示，等位线如图 A9 所示。

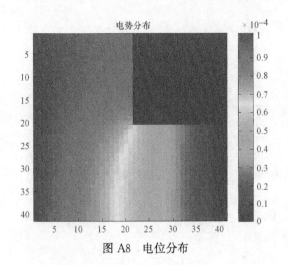
图 A8　电位分布

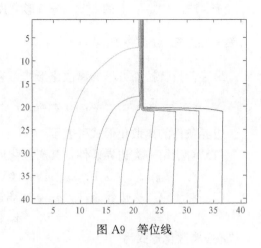
图 A9　等位线

电位分布从上到下、从左到右呈降低状态，计算结果与理论分析结果基本相符。

2. 电场强度与电流密度

电场强度与电流密度分布情况相同。电流密度是矢量，由图 A10、图 A11 可以看出，无论是沿 x 轴方向，还是沿 y 轴方向，电流密度均在拐角处最大，这是因为右上角区域无电荷移动，导致左上角区域电荷在拐角处发生了聚集。从大体分布来看，右半部分电流密度明显大于左半部分，根据电流连续性定理，右半部分横截面积较小，因此右半部分电流密度较大。从电流密度数值的量级可知，电荷的移动以沿 x 方向为主。

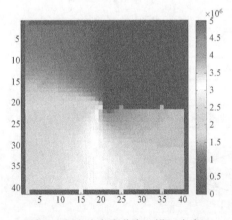
图 A10　电流密度分布（沿 x 方向）

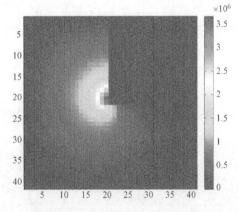
图 A11　电流密度分布（沿 y 方向）

3. 电流

沿 x 方向选取不同的列数计算电流，由于 a、c、e、f 边均无电荷的垂向移动，因此，如果不同的列数计算的电流相等的话，那么可以得到电流的流入等于流出，即验证了电流连续性定理。

由表 A1 可以看出，每列电流的计算误差不到 1%，因此计算结果是符合电流连续性定律的。

表 A1　　　　　　　　　　　　　列 电 流 仿 真 结 果

列数	5	15	25	35
电流（A）	36.287	36.28	36.281	36.277

4. 电阻

由电路的欧姆定律可得 L 形银片电阻 $R = 2.75 \times 10^{-4}\,\Omega$。

五、课堂实验

（一）实验方法

实验现场如图 A12 所示，实验时，恒流源通过铜排接入，与银片连接构成电通路，转动恒流源的旋钮，将电流值设定为 1A，利用万用表测量 L 形银片两端电压，并计算银片电阻。然后分别测量并记录试品中 6 个标记点与 d 边间的电压差。

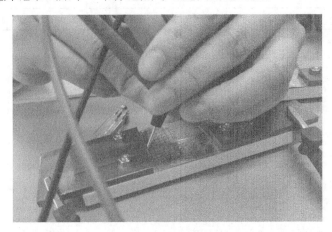

图 A12　实验现场图

（二）实验结果

1. L 形银片电阻

调节恒流源的电流 $I=1A$，测量 L 形银片两端电压为 0.313mV，根据欧姆定律计算可得银片电阻为 $313\mu\Omega$。

2. 标记点电位

将 L 形银片进行 15×15 的网格剖分，得到各点电位仿真结果如图 A13 所示。

各点实测电位与仿真结果对比见表 A2，其中点坐标中的 x、y 分别对应仿真电位矩阵中的列、行。

表 A2　　　　　　　　　　各点实测电位与仿真结果对比

点坐标（x, y）	实测电位（mV）	仿真结果（mV）
(2, 1)	0.000 296	0.000 304 53
(8, 1)	0.000 260	0.000 270 73
(4, 2)	0.000 289	0.000 288 76
(5, 4)	0.000 274	0.000 278 35
(8, 3)	0.000 288	0.000 268 71

续表

点坐标 (x, y)	实测电位 (mV)	仿真结果 (mV)
(14, 8)	0.000 031	0.000 023 17
(8, 5)	0.000 263	0.000 257 68
(2, 9)	0.000 296	0.000 298 31
(10, 8)	0.000 103	0.000 095 26
(9, 7)	0.000 224	0.000 232 23
(8, 9)	0.000 187	0.000 196 12
(4, 9)	0.000 248	0.000 268 37
(7, 14)	0.000 163	0.000 199 89
(12, 11)	0.000 107	0.000 092 117
(7, 11)	0.000 203	0.000 206 37

16x16 double

	1	2	3	4	5	6	7	8
1	3.1300e-04	3.0453e-04	2.9635e-04	2.8876e-04	2.8207e-04	2.7663e-04	2.7275e-04	2.7073e-04
2	3.1300e-04	3.0453e-04	2.9635e-04	2.8876e-04	2.8207e-04	2.7663e-04	2.7275e-04	2.7073e-04
3	3.1300e-04	3.0424e-04	2.9576e-04	2.8785e-04	2.8083e-04	2.7506e-04	2.7090e-04	2.6871e-04
4	3.1300e-04	3.0367e-04	2.9460e-04	2.8605e-04	2.7835e-04	2.7187e-04	2.6708e-04	2.6449e-04
5	3.1300e-04	3.0285e-04	2.9291e-04	2.8341e-04	2.7463e-04	2.6699e-04	2.6107e-04	2.5768e-04
6	3.1300e-04	3.0182e-04	2.9078e-04	2.8003e-04	2.6979e-04	2.6040e-04	2.5253e-04	2.4748e-04
7	3.1300e-04	3.0066e-04	2.8836e-04	2.7615e-04	2.6409e-04	2.5229e-04	2.4117e-04	2.3223e-04
8	3.1300e-04	2.9946e-04	2.8586e-04	2.7212e-04	2.5811e-04	2.4352e-04	2.2761e-04	2.0805e-04
9	3.1300e-04	2.9831e-04	2.8349e-04	2.6837e-04	2.5271e-04	2.3608e-04	2.1769e-04	1.9612e-04
10	3.1300e-04	2.9730e-04	2.8142e-04	2.6517e-04	2.4828e-04	2.3038e-04	2.1095e-04	1.8935e-04
11	3.1300e-04	2.9645e-04	2.7972e-04	2.6261e-04	2.4486e-04	2.2622e-04	2.0637e-04	1.8506e-04
12	3.1300e-04	2.9580e-04	2.7841e-04	2.6066e-04	2.4235e-04	2.2327e-04	2.0325e-04	1.8219e-04
13	3.1300e-04	2.9532e-04	2.7747e-04	2.5928e-04	2.4060e-04	2.2126e-04	2.0117e-04	1.8027e-04
14	3.1300e-04	2.9501e-04	2.7686e-04	2.5841e-04	2.3950e-04	2.2002e-04	1.9989e-04	1.7909e-04
15	3.1300e-04	2.9486e-04	2.7657e-04	2.5798e-04	2.3897e-04	2.1942e-04	1.9928e-04	1.7852e-04
16	3.1300e-04	2.9486e-04	2.7657e-04	2.5798e-04	2.3897e-04	2.1942e-04	1.9928e-04	1.7852e-04

	9	10	11	12	13	14	15
1	2.7073e-04	0	0	0	0	0	0
2	2.7073e-04	0	0	0	0	0	0
3	2.6871e-04	0	0	0	0	0	0
4	2.6449e-04	0	0	0	0	0	0
5	2.5768e-04	0	0	0	0	0	0
6	2.4748e-04	0	0	0	0	0	0
7	2.3223e-04	0	0	0	0	0	0
8	1.7624e-04	9.5264e-05	6.4815e-05	4.8076e-05	3.5096e-05	2.3168e-05	1.1542e-05
9	1.6941e-04	1.4000e-04	1.1592e-04	9.2393e-05	6.9140e-05	4.6033e-05	2.3000e-05
10	1.6527e-04	1.4000e-04	1.1592e-04	9.2393e-05	6.9140e-05	4.6033e-05	2.3000e-05
11	1.6233e-04	1.3881e-04	1.1537e-04	9.2117e-05	6.8995e-05	4.5958e-05	2.2968e-05
12	1.6017e-04	1.3753e-04	1.1465e-04	9.1706e-05	6.8765e-05	4.5835e-05	2.2915e-05
13	1.5865e-04	1.3648e-04	1.1398e-04	9.1297e-05	6.8524e-05	4.5702e-05	2.2856e-05
14	1.5767e-04	1.3576e-04	1.1349e-04	9.0983e-05	6.8332e-05	4.5594e-05	2.2808e-05
15	1.5720e-04	1.3540e-04	1.1323e-04	9.0814e-05	6.8226e-05	4.5533e-05	2.2780e-05
16	1.5720e-04	1.3540e-04	1.1323e-04	9.0814e-05	6.8226e-05	4.5533e-05	2.2780e-05

图 A13 L 形银片点电位仿真结果

(三) 实验结论

仿真结果与实验结果存在一定误差，其中 L 形银片电阻值的相对误差不超过 15%，各点电位相对误差很小，极个别点的相对误差较大，但也不超过 10%，而且电位的总体变化趋势符合预期，故实验与仿真结果基本吻合，基于有限差分的迭代算法可以有效解决 L 形银片电阻计算问题。

对于类似于 L 形银片的不规则导体，由于其内部电流流动不均匀，因此不能通过简单的规则电阻串并联的方式计算电阻值，而应该考虑电流线的不均匀对内部场强和电位分布的影响，即使用场的分析方法计算电阻。

附录 B　研究报告：通电矩形铜片稳态温升计算

一、课堂案例

图 B1 为一块通流为 I 的矩形薄铜片，已知：铜片厚度 $h=0.1\mathrm{mm}$，短边 $a=c=1\mathrm{mm}$，长边 $b=d=100\mathrm{mm}$，环境温度 20℃，$U_{ac}=0.1\mathrm{V}$。试问：铜片的稳态温度、电位分布如何？

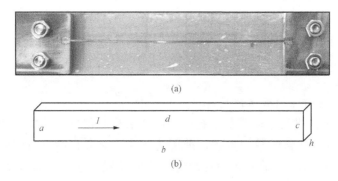

(a)

(b)

图 B1　通电矩形薄铜片

(a) 实物图（俯视图）；(b) 几何模型（俯视图）

二、基本方程推导

（一）稳态温度场部分

$$\begin{cases} \vec{E} \cdot \vec{j} = \nabla \cdot \vec{q} \\ \vec{q} = -\lambda \nabla T \\ \vec{j} = \gamma \vec{E} \\ \vec{E} = -\nabla \varphi \end{cases} \Rightarrow \gamma (\nabla \varphi)^2 = -\lambda \nabla^2 T \tag{B1}$$

（二）恒定电场部分

$$\begin{cases} \nabla \cdot \vec{j} = 0 \\ \vec{j} = \gamma \vec{E} \\ \vec{E} = -\nabla \varphi \\ \gamma = \gamma_0 \cdot \dfrac{1}{1+k(T-T_0)} \end{cases} \Rightarrow \nabla \gamma \cdot \nabla \varphi + \gamma \nabla^2 \varphi = 0 \tag{B2}$$

三、一维坐标系下的数学模型

（一）确立坐标系

由案例的已知条件可知，矩形薄铜片的宽度、厚度远小于其长度，因此为了方便计算，忽略温度在宽度、厚度方向上的变化，建立通电矩形铜片沿 x 轴方向的一维数学模型，其几何坐标如图 B2 所示。

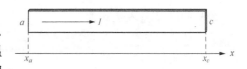

图 B2　通电矩形铜片在一维坐标系下的几何模型

（二）基本方程在一维坐标系下的展开

1. 内部节点

将式（B1）、式（B2）在一维坐标系下展开得

$$\begin{cases} \dfrac{\mathrm{d}\gamma}{\mathrm{d}x} \cdot \dfrac{\mathrm{d}\varphi}{\mathrm{d}x} + \gamma\left(\dfrac{\mathrm{d}^2\varphi}{\mathrm{d}x^2}\right) = 0 \\[2mm] \gamma\left(\dfrac{\mathrm{d}\varphi}{\mathrm{d}x}\right)^2 = -\lambda\left(\dfrac{\mathrm{d}^2 T}{\mathrm{d}x^2}\right) \end{cases} \tag{B3}$$

其中，$\gamma = \gamma_0 \cdot \dfrac{1}{1+k(T-T_0)}$。

2. 边界点

电边界为 $\varphi_{x_a} = 0.1\mathrm{V}$，$\varphi_{x_c} = 0\mathrm{V}$。

热边界为 $T_{x_a} = T_{x_c} = 20℃$。

四、模型解算

（一）基于有限差分法的数值计算

将铜片沿 x 轴方向进行 100 等分，得到 101 个节点，根据上述数学模型，可列写关于 101 个温度变量、电位变量的数学方程，采用迭代算法对方程组进行求解，仿真结果如图 B3 所示，其中横坐标为沿 x 轴方向的矩形薄铜片的长度，单位为 cm，纵坐标为温度，单位为℃。

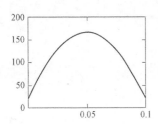

图 B3　温度沿 x 轴
方向分布曲线

可见，温度分布曲线近似抛物线，温度关于中心点对称，中心点处温度最高，根据 $\vec{q} = -\lambda \nabla \vec{T}$，热流密度绝对值在中心点处为 0，在左右两端点处最大，由 $UI = \oiint_S \vec{q} \cdot \mathrm{d}\vec{s}$ 可知，由于从铜片中心点处到左右两端，单位时间内的热量逐渐累积，所以热流密度绝对值逐渐增大。

（二）解析计算

为了进一步简化计算，现假设电导率不随温度变化，于是式（B3）变形为

$$\begin{cases} \dfrac{\mathrm{d}^2\varphi}{\mathrm{d}x^2} = 0 \\[2mm] \gamma\left(\dfrac{\mathrm{d}\varphi}{\mathrm{d}x}\right)^2 + \lambda\left(\dfrac{\mathrm{d}^2 T}{\mathrm{d}x^2}\right) = 0 \end{cases}$$

若给定条件是恒压，即已知铜片两端电压恒定，记作 U，那么可得温度 T 表达式为

$$T = -\frac{\gamma U^2}{2\lambda l^2}x^2 + \frac{\gamma U^2}{2\lambda l}x + T_0$$

最高温度 $T_{\max}$ 表达式为

$$T_{\max} = \frac{\gamma U^2}{8\lambda} + T_0$$

式中：l 为铜片长边的长度；T_0 为初始温度；γ 为初始温度下的电导率；λ 为热导率。

若给定条件是恒流，即已知铜片通流恒定，记作 I，那么可得温度 T 表达式为

$$T = -\frac{I^2}{2\gamma\lambda S^2}x^2 + \frac{I^2 l}{2\gamma\lambda S^2}x + T_0$$

最高温度 $T_{\max}$ 表达式为

$$T_{\max} = \frac{I^2 l^2}{8\gamma\lambda S^2} + T_0$$

式中：S 为铜片导电截面积。

由温度表达式可知，无论是电压恒定还是电流恒定，当忽略电导率随温度变化时，温度曲线是一条二次抛物曲线，开口向下。

根据电压恒定的已知条件，解析与仿真的对比结果如图 B4 所示，其中横坐标为沿 x 轴方向的矩形薄铜片的长度，单位为 cm，纵坐标为温度，单位为℃，由于解析计算过程中电导率为常数，且大于仿真值，因此仿真计算得到的温度最大值偏小。

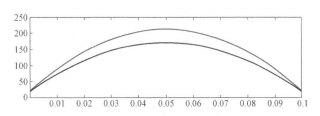

图 B4　解析与仿真的对比结果

五、课堂实验

（一）实验方法

实验时，恒流源通过铜排接入，将电流值设定为 7A，待温度稳定后，利用万用表测量铜片两端电压，然后利用数字温度仪依次测量并记录各标记点温度，如图 B5 所示。

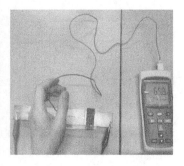

图 B5　实验现场图

（二）实验结果

实验测量的各点温度与基于有限差分法的仿真结果对比如图 B6 所示，其中横坐标为沿 x 轴方向的矩形薄铜片的长度，单位为 cm，纵坐标为温度，单位为℃。

显然，实测值偏小，这可能与仿真中铜片传热、散热的模型不准确有关，仿真中仅考虑了铜片沿 x 轴方向的热传导，而实验中，矩形薄铜片上表面与透明塑料材料相接触，同时该材料与空气间存在对流换热。

为了较准确地模拟实验场景，现利用有限元仿真软件建立通电矩形薄铜片的三维模型，并将铜片各个面设置为对流换热边界，对流换热系数均为 28W/（m²·K），得到的仿真结果与实测结果对比如图 B7 所示，其中横坐标为沿 x 轴方向的矩形薄铜片的长度，单位为

mm，纵坐标为温度，单位为℃。仿真与实验结果基本吻合，所以仿真模型较好地模拟了实验场景。

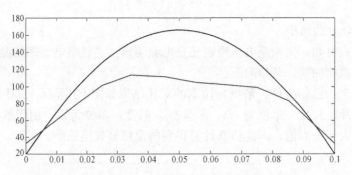

图 B6   实测温度与基于有限差分法的仿真结果对比

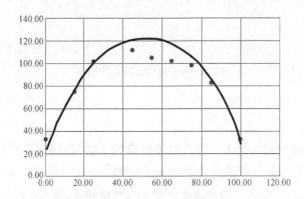

图 B7   实测温度与基于有限元法的仿真结果对比

附录 C 研究报告：通电细铜丝弧前时间计算

一、课堂案例

图 C1 为一根通流为 I 的细铜丝，已知：铜丝长度为 10mm，线径 0.18mm，环境温度 20℃，$I=140$A。试计算铜丝的弧前时间。

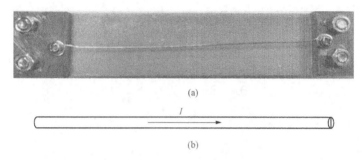

(a)

(b)

图 C1 通电圆截面细铜丝

(a) 实物图（俯视图）；(b) 几何模型（俯视图）

二、基本方程推导

根据热力学第一定律，产热量＝散热量＋内能增加量，可列写如下方程：

$$ui\,\mathrm{d}t = \oiint_s \vec{q} \cdot \mathrm{d}\vec{s} \cdot \mathrm{d}t + cm\Delta T$$

对时间微分，即

$$cm\frac{\mathrm{d}T}{\mathrm{d}t} = ui - \oiint_s \vec{q} \cdot \mathrm{d}\vec{s}$$

对时间、空间微分，即

$$\rho c\frac{\partial T}{\partial t} = \vec{E} \cdot \vec{J} - \nabla \cdot \vec{q}$$

将电场强度、电流密度、热流密度等变量用电位 φ、温度 T 所替代，可得

$$\rho c\frac{\partial T}{\partial t} = \gamma(\nabla\varphi)^2 + \lambda\nabla^2 T \tag{C1}$$

又由恒定电场基本定理 $\begin{cases} \oint_s \vec{j} \cdot \mathrm{d}\vec{s} = 0 \\ \oint_l \vec{E} \cdot \mathrm{d}\vec{l} = 0 \\ \vec{j} = \gamma \cdot \vec{E} \end{cases} \Rightarrow \begin{cases} \nabla \cdot \vec{j} = 0 \\ \vec{E} = -\nabla\varphi \\ \vec{j} = \gamma \cdot \vec{E} \end{cases}$，进一步推得如下基本方程：

$$\nabla\gamma \cdot \nabla\varphi + \gamma\nabla^2\varphi = 0 \tag{C2}$$

其中，电导率 γ 是关于温度 T 的函数：

$$\gamma = \frac{\gamma_0}{1 + k(T - T_0)}$$

式中：T_0 为初始温度；γ_0 为 T_0 时的电导率。

式（C1）、式（C2）即为瞬态电热场的两个基本方程。

三、一维坐标系下的数学模型

（一）确立坐标系

由案例的已知条件可知，细铜丝截面直径远小于其长度，因此为了方便计算，忽略温度在截面半径方向上的变化，建立通电细铜丝沿长度方向即通流方向的一维数学模型，其几何坐标如图 C2 所示。

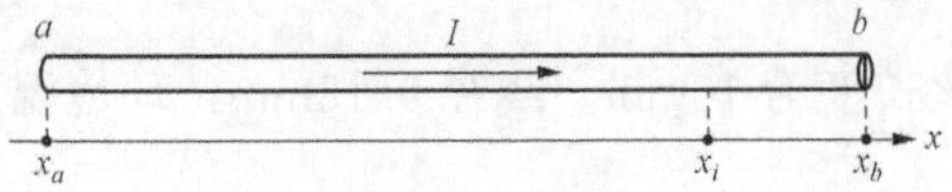

图 C2　通电细铜丝在一维坐标系下的几何模型

（二）基本方程在一维坐标系下的展开

1. 内部节点

将式（1）、式（2）在一维坐标系下展开得

$$\begin{cases} \alpha\,\dfrac{\partial T}{\partial t} = \gamma\left(\dfrac{\partial \varphi}{\partial x}\right)^2 + \lambda\left(\dfrac{\partial^2 T}{\partial x^2}\right) \\[2mm] \dfrac{\partial \gamma}{\partial x}\cdot\dfrac{\partial \varphi}{\partial x} + \gamma\left(\dfrac{\partial^2 \varphi}{\partial x^2}\right) = 0 \end{cases} \tag{C3}$$

其中，$\gamma = \gamma_0 \cdot \dfrac{1}{1+k(T-T_0)}$。

2. 约束条件

由于该案例中的温度、电位不仅随空间变化，也随时间变化，因此为了求解式（C3）的特解，必须设置约束条件，包括边界条件与初始条件。

边界条件即左右两个端点 x_a、x_b 在任意时刻其电位、温度的表达式。

电位边界条件：$\varphi_{x_a}(t)=0V$，$\varphi_{x_b}(t)=R(t)I$。

温度边界条件：$T_{x_a}(t)=20℃$，$T_{x_b}(t)=20℃$。

初始条件即 x 轴上任意一点在初始时刻其电位、温度的表达式。

电位初始条件：$\varphi_{x_i}(0)=\dfrac{x_b-x_i}{x_b-x_a}\varphi_{x_a}(0)$，其中 $\varphi_{x_a}(0)$ 可由零时刻的电阻、电流求出，$\varphi_{x_a}(0)=R(0)I$。

温度初始条件：$T_{x_i}(0)=20℃$。

四、模型解算

（一）解析计算

为了进一步简化计算，在式（C3）基础上，假设通电铜丝起弧前左右两个端面绝热，依据"通电矩形铜片稳态温升计算"案例得到的结论——铜片左右端面热流密度的绝对值最大，通电铜丝各点均满足 $\dfrac{\partial T}{\partial x}=0$，即铜丝各点温度相等，那么 $\dfrac{\partial \gamma}{\partial x}=0$。据此，式（C3）可化简为如下形式：

$$\alpha\,\frac{\partial T}{\partial t} = \gamma\left(\frac{\partial \varphi}{\partial x}\right)^2$$

由于电流恒定为 I，那么电位梯度满足：

$$\frac{\partial \varphi}{\partial x} = -\frac{I}{S\gamma}$$

其中，$\gamma = \dfrac{\gamma_0}{1+k(T-T_0)}$。

于是

$$\rho c \frac{\mathrm{d}T}{\mathrm{d}t} = \frac{I^2 [1 + k(T - T_0)]}{S^2 \gamma_0}$$

$$\mathrm{d}t = \rho c \frac{S^2 \gamma_0}{I^2 [1 + k(T - T_0)]} \mathrm{d}T$$

两边同时求积分，即

$$\int_0^t \mathrm{d}t = \int_0^T \frac{\rho c S^2 \gamma_0}{I^2 [1 + k(T - T_0)]} \mathrm{d}T$$

可得

$$t = \frac{c \cdot \rho_m \cdot \ln\{k_T [T - T(0)] + 1\}}{\rho_{e0} \cdot k_T} \cdot \frac{1}{\delta^2} \tag{C4}$$

式中：$T(0)$ 为初始温度；ρ_m 为密度，kg/m^3；c 为比热容，$J/(kg \cdot K)$；k_T 为电阻率温度系数，$1/K$；T_m 为铜的熔点，K；ρ_{e0} 为 $T(0)$ 时铜的电阻率，$\Omega \cdot m$；δ 为电流密度，A/m^2。

设铜的熔点为 T_m，那么弧前时间表达式为

$$t_{pre} = \frac{c \cdot \rho_m \cdot \ln\{k_T [T_m - T(0)] + 1\}}{\rho_{e0} \cdot k_T} \cdot \frac{1}{\delta^2} \tag{C5}$$

已知条件包括 $T_m = 1083℃$，$T(0) = 20℃$，$c = 390 J/(kg \cdot K)$，$\rho_m = 8960 kg/m^3$，$k_T = 0.0038$，$\rho_{e0} = 1.587 \times 10^{-8} kg/m^3$，$\delta = 0.55 \times 10^{10} A/m^2$。

将已知参数代入式（C5），可计算得通电细铜丝的弧前时间约为 3ms。

（二）仿真计算

1. 弧前时间计算

现利用有限元软件，建立通电细铜丝三维瞬态电热场仿真模型，为了模拟真实的实验场景，将左右两个端面的温度边界设为一类边界，即环境温度 20℃，通电细铜丝起弧时刻的温度分布的仿真结果如图 C3 所示。

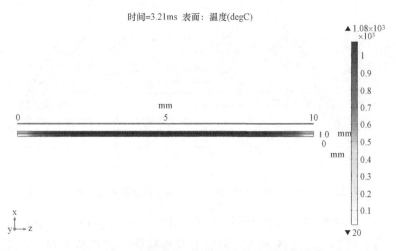

图 C3 通电细铜丝起弧时刻温度分布的仿真结果

由图 C3 可知，铜丝通以 140A 电流时，其弧前时间为 3.21ms，仿真结果略大于解析结果，分析其原因，解析计算时假设铜丝左右两端面是绝热的，而仿真时两端面并非绝热，结合热力学第一定律 $\rho c \frac{\partial T}{\partial t} = \vec{E} \cdot \vec{J} - \nabla \cdot \vec{q}$，也就是说解析计算时该方程无散热项，因此解析计

算结果偏小。

2. 温度分布曲线规律分析

不同时刻，铜丝中心轴线上的温度分布曲线如图 C4 所示，为了进一步分析曲线规律，现将模型中的激流源由 140A 分别调整为 14、1400A，温度分布曲线的仿真结果如图 C5、图 C6 所示。

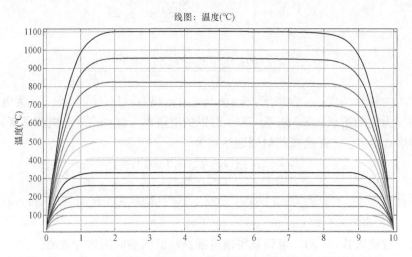

图 C4　0～6.1ms 不同时刻通电 140A 细铜丝轴线温度分布的仿真结果

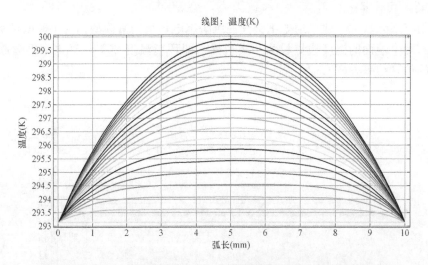

图 C5　0～5ms 不同时刻通电 14A 细铜丝轴线温度分布的仿真结果

对比图 C4～图 C6 发现，随着电流的升高，温度分布曲线越来越平直，且曲线两端的斜率越来越陡，分析其原因，电流越大，温度上升得越快，散热功率越小，通流 1400A 时，铜丝几乎无散热，仅在靠近两个端面的地方，出现温度的骤变，也正是因为这样，可以在解析计算时，假设左右两个端面绝热。

五、课堂实验

（一）实验方法

按照如图 C7 所示的实验电路示意图，完成线路元器件的连接，如图 C8 所示，利用充

线图：温度(℃)

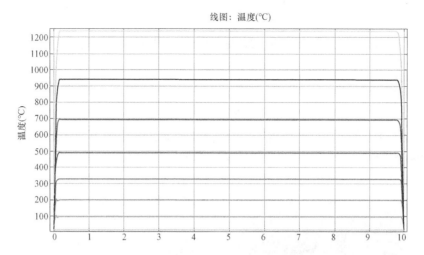

图 C6　0～0.09ms 不同时刻通电 1400A 细铜丝轴线温度分布的仿真结果

电机给电容充电，触发晶闸管导通，电容放电，通过示波器记录回路电流以及铜丝两端电压。

（二）实验结果及分析

实验结果如图 C9 所示，CH2 记录回路电流，传感器变比为 1V：200A（示波器输出 1V 对应被测电流 200A），计算可得实际回路电流约 136A，CH1 记录铜丝两端电压，根据 CH2、CH1 上跳沿之间的时间间隔可得铜丝弧前时间约 3.6ms。

为了与解析结果进行对比，将解析表达式（C5）

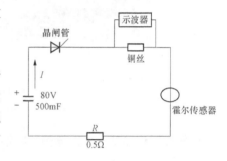

图 C7　实验电路示意图

中的电流由 140A 调整为 136A，得弧前时间的解析值为 3.19ms，实验值偏大，其原因可能是实验中，铜丝起弧前不仅有热传导，还有与空气的对流换热，而解析过程未考虑散热项，为了验证此结论，可在上述通电铜丝三维瞬态电热场仿真模型基础上，进一步考虑对流换热边界，调整对流换热系数，可使弧前时间与实验结果一致。

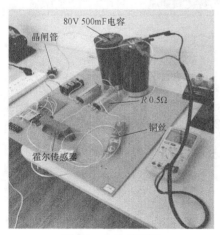

图 C8　实验现场图

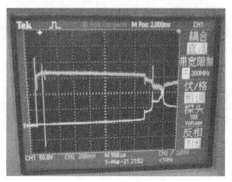

图 C9　实验波形图

附录 D　研究报告：线圈激励型电磁铁电磁吸力计算

一、课堂案例

图 D1 是一套线圈激励型电磁铁，由条形铁芯和 U 形铁芯两部分组成，条形铁芯上缠绕多匝线圈，线圈通电后，两铁芯间将产生电磁吸力。试求：线圈通以多大电流 I 时，电磁铁产生的电磁吸力能够将 U 形铁芯或条形铁芯吸起？

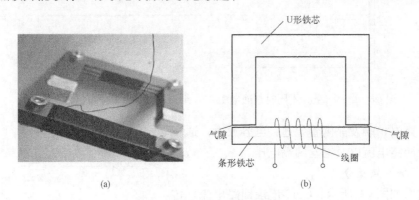

图 D1　线圈激励型电磁铁

（a）实物图；（b）几何模型

已知线圈激励型电磁铁结构与物性参数见表 D1（实测之后重新确认）。

表 D1　　　　　　　　　　线圈激励型电磁铁结构与物性参数

线圈匝数 N	100 匝	线圈导线直径	0.4mm
铁芯总长度 l_{Fe}	322.14mm	铁芯截面积 S_{Fe}	227mm^2
每处气隙长度 l_δ	0.47mm	气隙截面积 S_δ	227mm^2
空气磁导率 μ_0	$\mu_0 = 4\pi \times 10^{-7}$H/m	铁芯磁导率 μ_{Fe}	$\mu_{Fe} = 5000\mu_0$
U 形铁芯质量 m_1	0.325kg	条形铁芯质量 m_2	0.175kg

二、基本方程与解析计算

（一）基本方程

W_{magnetic} 为磁能，W_{mechanic} 为机械能。由能量守恒得

$$W_{\text{magnetic}} = \oint_V \frac{\vec{B} \cdot \vec{H}}{2} \mathrm{d}V$$

$$W_{\text{mechanic}} = \int \vec{F} \cdot \mathrm{d}\vec{l}$$

$$\vec{F} \cdot \mathrm{d}\vec{l} = \frac{\vec{B} \cdot \vec{H}}{2} \cdot S_{Fe} \cdot \mathrm{d}l$$

$$F = \frac{B^2}{2\mu_0} S_{Fe}$$

可得

$$F = \left(\frac{B^2}{5000}\right)S_{Fe} \tag{D1}$$

式中：F 为电磁吸力，kg；B 为气隙处磁感应强度，G；S_{Fe} 为铁芯截面积，cm^2。

由磁路基本定理可得

$$B = \frac{N \cdot I}{(R_{mFe} + R_{m\delta}) \cdot S_{Fe}} \tag{D2}$$

其中，磁阻表达式为

$$R_m = \frac{l}{\mu \cdot S}$$

将式（D2）代入式（D1）即可得电磁吸力 F 与电流 I 之间的关系。

（二）解析计算

由图 D1 可知，条形铁芯和 U 形铁芯间存在左、右两个气隙，所以该案例中的电磁吸力 $F_z = 2F$。

由已知参数可知条形铁芯、U 形铁芯的质量分别为 0.175、0.325kg，于是，依据式（D1）、式（D2），可计算得出：

（1）当电流 $I = 0.786$A 时，可以吸起条形铁芯。

（2）当电流 $I = 1.071$A 时，可以吸起 U 形铁芯。

三、仿真建模与计算

现利用有限元软件建立线圈激励型电磁铁的三维仿真模型。

线圈通电 0.806A 时磁通密度分布如图 D2 所示，此时电磁吸力约 2.22N。

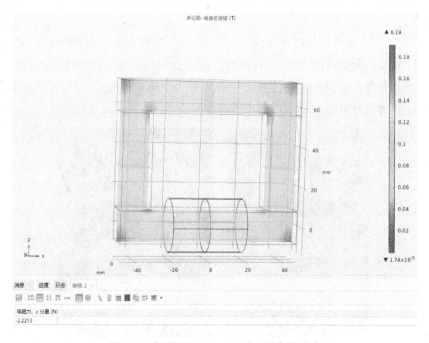

图 D2 线圈通电 0.806A 时磁通密度分布

线圈通电 1.296A 时磁通密度分布如图 D3 所示，此时电磁吸力约 5.74N。

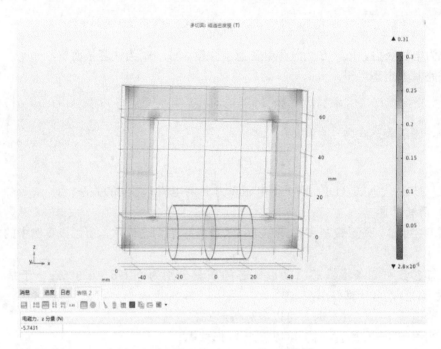

图 D3　线圈通电 1.296A 时磁通密度分布

四、课堂实验

（一）实验方法

该次实验方法与教材有些不同，如图 D4 所示：通电线圈与恒流源串联，先将条形铁芯放在 U 形铁芯下方，通较大电流使两者相吸，并用手压紧避免多余的气隙，逐渐减小恒流源输出电流，当条形铁芯与 U 形铁芯分离时，记录此时电流 I_1；交换铁芯位置，将 U 形铁芯放在条形铁芯下方，通较大电流使两者相吸，并用手压紧避免多余的气隙，逐渐减小恒流源输出电流，当两者分离时，记录此时电流 I_2。

图 D4　实验现场图

（二）实验结果

实验及仿真、解析结果对比见表 D2。

表 D2　　　　　　　　　　　　　　　**实验及仿真、解析结果对比**

解析（电磁吸力/电流）	仿真（电磁吸力/电流）	实验（电磁吸力/电流）
$F_Z=0.175\text{kg}/0.786\text{A}$	$F_Z=0.22\text{kg}/0.806\text{A}$	$F_Z=0.175\text{kg}/0.806\text{A}$
$F_Z=0.325\text{kg}/1.071\text{A}$	$F_Z=0.57\text{kg}/1.296\text{A}$	$F_Z=0.325\text{kg}/1.296\text{A}$

　　由表 D2 可以看出，实验与仿真结果相比，相同电流情况下，实验得到的电磁吸力偏小，分析其原因，可能是实物中紧密缠绕的匝数偏少，也可能是实际气隙偏大，使得实际漏磁通更多，于是相同电流情况下，气隙处磁感应强度偏小，最终产生的电磁吸力偏小。为了进一步分析仿真与实验间误差产生的原因，下一步可将仿真中的电流调整至与解析电流一致，然后再计算电磁吸力，与解析计算结果进行对比。

附录 E 研究报告：多相交流整流系统短路电流计算

一、研究思路

该案例将通过单相、三相交流系统、交流整流系统等效电路模型的建立、短路电流的计算及电流特征值的分析，最终获取十二相交流整流系统短路电流的计算与分析方法。

该研究报告从单相交流系统短路电流的解析计算入手，先考虑线路无阻损耗，再考虑有阻损耗，尝试从物理和数学的角度解释短路电流波形的意义，并分析哪一个合闸角情况下短路电流最大，然后针对三相交流整流系统，通过解析方法预测短路电流峰值，再通过仿真建模验证解析方法的有效性，最后针对十二相交流整流系统，从理论上分析短路电流峰值及其出现的时刻，然后再通过仿真建模验证推论的准确性。

参数说明：线路感抗为 200mΩ，线路电阻为 150mΩ，系统电压幅值 U_m 为 10 000V，系统频率 f 为 100Hz。

二、单相系统短路电流计算

（一）单相交流系统（不考虑线路电阻）

单相交流系统短路电流计算问题等效电路如图 E1 所示，不考虑线路电阻的影响。

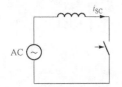

图 E1 单相交流系统短路
电流计算问题等效电路
（不考虑线路电阻）

该电路对应的数学方程如下

$$\begin{cases} L\dfrac{\mathrm{d}i}{\mathrm{d}t} = U_\mathrm{m}\sin(\omega t + \alpha) \\ i\,|_0 = 0 \end{cases}$$

求解可得

$$\begin{cases} i_\mathrm{SC} = \dfrac{U_\mathrm{m}}{\omega L}\left[\cos\alpha - \cos(\omega t + \alpha)\right] \\ \mathrm{d}i/\mathrm{d}t = \dfrac{U_\mathrm{m}}{L}\sin(\omega t + \alpha) \end{cases}$$

式中：i_SC 为短路电流；$\mathrm{d}i/\mathrm{d}t$ 为短路电流上升率；α 为短路合闸角。

从短路电流表达式可以看出，短路电流可分为直流分量和交流分量，直流分量大小为 $\dfrac{U_\mathrm{m}}{\omega L}\cos\alpha$，交流分量为 $-\dfrac{U_\mathrm{m}}{\omega L}\cos(\omega t + \alpha)$，当 $\alpha = k\pi$ 时（$k=0,1,2\cdots$），直流分量绝对值最大，因此，短路电流峰值在 0°合闸角时最大。不同合闸角情况下短路电流峰值见表 E1。

表 E1   不同合闸角情况下短路电流峰值

合闸角	0°	60°	90°
短路电流峰值 i_max	$\dfrac{2U_\mathrm{m}}{\omega L}$	$\dfrac{3U_\mathrm{m}}{2\omega L}$	$\dfrac{U_\mathrm{m}}{\omega L}$
带值计算（kA）	100	75	50

现建立单相交流系统短路电流计算问题等效电路的仿真模型，如图 E2 所示。

不考虑线路电阻情况下的仿真结果如图 E3～图 E5 所示，短路电流峰值分别为 9.993×10^4A、7.629×10^4A、4.96×10^4A。0°合闸角时短路电流峰值最大，且解析与仿真计算结果基本一致。

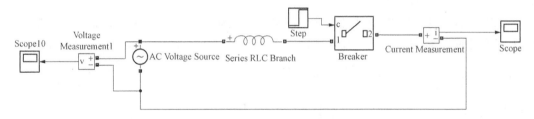

图 E2　单相交流系统短路电流计算问题等效电路的仿真模型

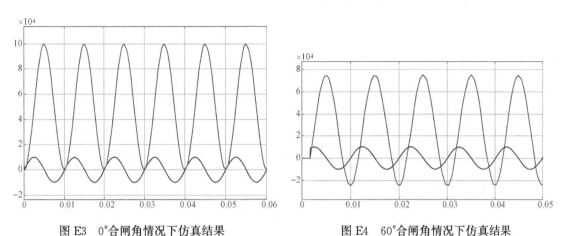

图 E3　0°合闸角情况下仿真结果　　　　　　图 E4　60°合闸角情况下仿真结果

（二）单相交流系统（考虑线路电阻）

考虑线路电阻的单相交流系统短路电流计算问题等效电路如图 E6 所示。

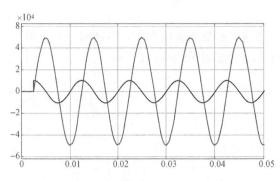

图 E5　90°合闸角情况下仿真结果

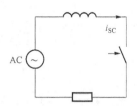

图 E6　单相交流系统短路电流计算
问题等效电路（考虑线路电阻）

该电路对应的数学方程如下

$$L\frac{\mathrm{d}i_{\mathrm{SC}}}{\mathrm{d}t} + Ri_{\mathrm{SC}} = U_{\mathrm{m}}\sin(\omega t + \alpha)$$

$$i_{\mathrm{SC}}\mid_{t=0} = 0$$

解微分方程得

$$i_{\mathrm{SC}} = \frac{U_{\mathrm{m}}}{\sqrt{R^2 + (\omega L)^2}}\left[\cos(\alpha + \varphi)\,\mathrm{e}^{-\frac{t}{\tau}} - \cos(\omega t + \alpha + \varphi)\right]$$

其中，$\varphi = \arctan\left(-\dfrac{R}{\omega L}\right)$。

可以看出，短路电流同样可以分为直流分量与交流分量，直流分量是随时间衰减的指数函数，衰减时间常数为 $\tau = L/R$，代入参数计算约 2.12ms，交流稳态分量幅值为 $\dfrac{U_m}{\sqrt{R^2 + (\omega L)^2}}$，代入参数计算约 40kA，值得注意的是，由于直流分量存在衰减，短路电流最大值不再是 $\dfrac{2U_m}{\sqrt{R^2 + (\omega L)^2}}$，而是介于 $\dfrac{U_m}{\sqrt{R^2 + (\omega L)^2}} \sim \dfrac{2U_m}{\sqrt{R^2 + (\omega L)^2}}$。

仿真计算结果如图 E7 所示，经对比发现，解析与仿真计算结果基本一致。

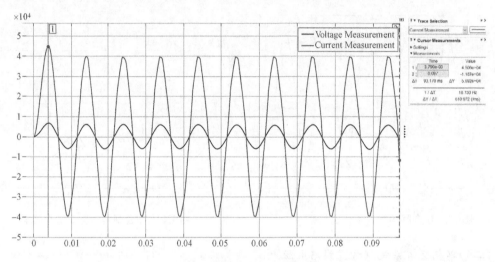

图 E7　考虑线路电阻仿真结果

（三）单相交流整流系统

单相交流整流系统的短路电流计算及分析方法与单相交流系统相似，不同的是，整流后短路电流处处为正，不同合闸角情况下的短路电流分别如图 E8～图 E10 所示。

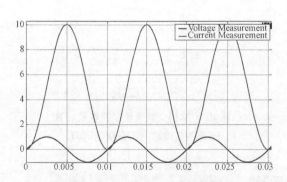

图 E8　0°合闸角情况下仿真结果

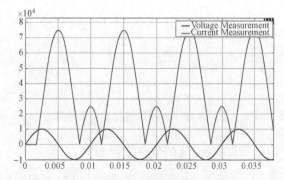

图 E9　60°合闸角情况下仿真结果

可以看出，虽然波形发生了改变，但是短路电流峰值及峰值时刻并没有发生变化。

三、三相交流整流系统短路电流计算

三相交流整流系统短路电流计算问题等效电路如图 E11 所示。

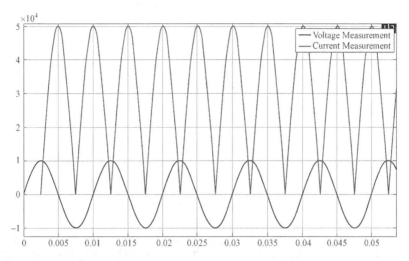

图 E10　90°合闸角情况下仿真结果

很明显，一个桥臂两个二极管交替工作，完成整流过程。直流侧发生短路故障时，短路电流 i_{VD} 是 i_a、i_b、i_c 整流之后的结果，i_{VD} 对应三相电流中正向电流（与 i_{VD} 正方向一致的电流）之和。三相全波整流周期为 60°，因此，在分析三相交流整流系统的短路电流波形时，仅需考虑短路合闸角介于 0°～60° 的情况即可。

通过仿真自编程得到不同合闸角情况下的短路电流分别如图 E12～图 E15 所示。

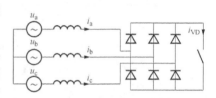

图 E11　三相交流整流系统
短路电流计算问题等效电路

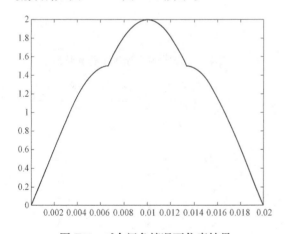

图 E12　0°合闸角情况下仿真结果

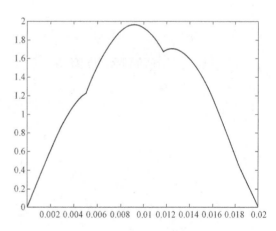

图 E13　15°合闸角情况下仿真结果

经对比发现，0°合闸角情况下短路电流峰值最大，标幺值为 2，即相对稳态交流电流幅值的倍数。

四、十二相交流整流系统短路电流计算

十二相交流整流系统的交流电压源是由四个互差 15°的三相交流电压源构成的，通过整流技术将该电流变为直流输出。

　　同样通过仿真自编程可得不同合闸角情况下短路电流波形分别如图 E16～图 E19 所示。

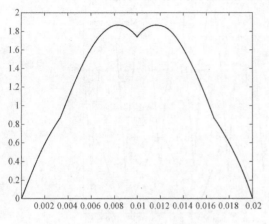

图 E14　30°合闸角情况下仿真结果

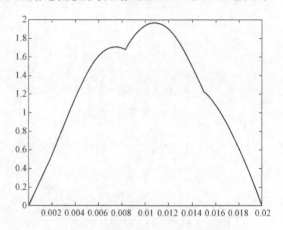

图 E15　45°合闸角情况下仿真结果

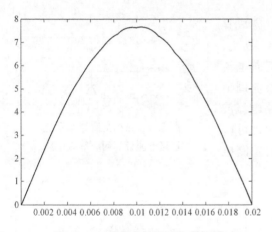

图 E16　0°合闸角情况下仿真结果

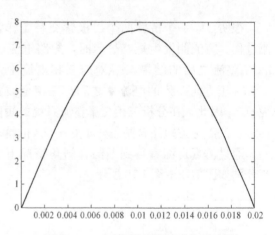

图 E17　3.75°合闸角情况下仿真结果

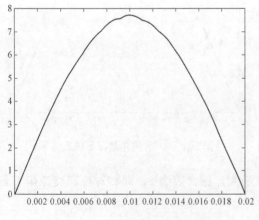

图 E18　7.5°合闸角情况下仿真结果

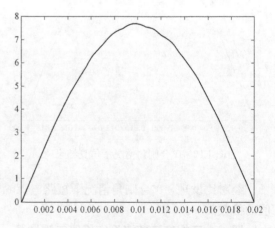

图 E19　11.25°合闸角情况下仿真结果

　　经对比发现，合闸角的变化对十二相交流整流系统短路电流波形影响不大，短路电流峰值标幺值近似为 8，即为稳态交流电流幅值的 8 倍。

五、实际十二相交流整流发电机系统短路电流计算

已知实际十二相交流整流发电机容量 25MW，额定电压 5kV，频率 100Hz，超瞬变电抗 X_d'' 为 0.1，尝试绘制短路电流首波波形并注明其特征值。

（一）解析计算

由额定电压 5kV 可知：三相交流系统线电压峰值为 5000V，那么相电压有效值为

$$U_\mathrm{N} = \frac{5000}{\sqrt{2} \times \sqrt{3}} = 2041(\mathrm{V})$$

相电流有效值为

$$I_\mathrm{N} = \frac{25\mathrm{MW}}{4 \times 3U_\mathrm{N}} = 1020.7(\mathrm{A})$$

于是可得单相超瞬变过程稳态交流电流幅值为

$$\frac{I_\mathrm{N} \times \sqrt{2}}{X_\mathrm{d}''} = 14\,435(\mathrm{A})$$

那么十二相交流整流发电机系统短路电流峰值约为

$$14\,435 \times 2 \times 4 \approx 115(\mathrm{kA})$$

峰值时间为 5ms。

据此可知，短路电流首波近似为正弦半波，峰值约 115kA，峰值时间为 5ms。

（二）仿真计算

在案例模型基础上，将实际十二相交流整流发电机进行理想电压源等效，仿真计算可得短路电流波形如图 E20 所示。

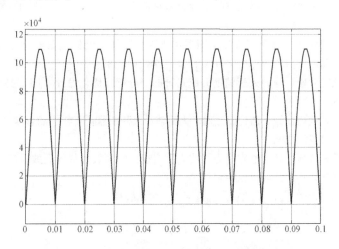

图 E20　十二相交流整流系统短路电流计算仿真结果

短路电流峰值约 110kA，峰值时刻约 5ms，与解析计算结果基本一致。

参 考 文 献

[1] 王晨，张晓锋，庄劲武，等．新型混合式限流断路器设计及其可靠性分析［J］．电力系统自动化，2008（12）：61-67．

[2] 王晨，庄劲武，张晓锋，等．新型混合型限流断路器分析及试验［J］．电力系统自动化，2010，34（15）：60-65．

[3] 戴超，庄劲武，杨锋，等．高压混合型限流熔断器用电弧触发器的弧前特性［J］．高电压技术，2010，36（02）：350-355．

[4] 王晨，庄劲武，江壮贤，等．新型混合型限流断路器在直流电力系统中的限流特性研究［J］．电力自动化设备，2011，31（05）：90-93+98．

[5] 戴超，庄劲武，杨锋，等．大电流电弧触发式混合限流熔断器分析与设计［J］．电力自动化设备，2011，31（10）：81-85．

[6] 戴超，庄劲武，杨锋，等．大容量爆炸活塞式高速开断器分析与优化设计［J］．高电压技术，2011，37（01）：221-226．

[7] 王晨，庄劲武，江壮贤，等．改进混合型限流断路器限流特性及换流电弧能量分析［J］．高电压技术，2012，38（06）：1356-1361．

[8] 陈博，庄劲武，肖翼洋，等．10kV/2kA混合型限流熔断器用电弧触发器的分析与设计［J］．高电压技术，2012，38（08）：1948-1955．

[9] 袁志方，庄劲武，王晨，等．窄缝灭弧法提升电磁斥力高速开断器电弧电压的分析与试验［J］．中国电机工程学报，2013，33（33）：139-144+17．

[10] 刘路辉，庄劲武，王晨，等．燃弧时间对混合型直流真空断路器分断特性的影响［J］．电工技术学报，2015，30（24）：55-60+75．

[11] 李枫，庄劲武，江壮贤．混合型直流熔断器用灭弧熔断器单元低过载电流开断特性优化设计研究［J］．中国电机工程学报，2018，38（09）：2783-2789+2848．

[12] 周煜韬，庄劲武，武瑾，等．火药辅助分断式开断器分析及优化设计［J］．高电压技术，2020，46（03）：939-946．

[13] 周煜韬，庄劲武，武瑾，等．结构设计对于火药辅助式开断器开断特性的影响［J］．电工技术学报，2020，35（05）：1075-1082．

[14] 董润鹏，庄劲武，武瑾，等．电磁斥力机构中固定线圈的环氧材料的失效分析与改进措施［J］．电工技术学报，2020，35（21）：4492-4500．

[15] 张小兵．枪炮内弹道学［M］．北京：北京理工大学出版社，2014．